Heinrich Suter

Geschichte der mathematischen Wissenschaften

Von den ältesten Zeiten bis Ende des 16. Jahrhunderts

Heinrich Suter

Geschichte der mathematischen Wissenschaften
Von den ältesten Zeiten bis Ende des 16. Jahrhunderts

ISBN/EAN: 9783741167270

Hergestellt in Europa, USA, Kanada, Australien, Japan

Cover: Foto ©Thomas Meinert / pixelio.de

Manufactured and distributed by brebook publishing software (www.brebook.com)

Heinrich Suter

Geschichte der mathematischen Wissenschaften

Geschichte

der

mathematischen Wissenschaften.

I. Theil.

Von den ältesten Zeiten bis Ende des 16. Jahrhunderts.

Von

Dr. HEINRICH SUTER.

ZÜRICH,
Im Commissionsverlage von Orell, Füssli & Co.
1873.

INHALT.

	SEITE
Einleitung. Allgemeines über die Geschichte der Mathematik...	1
Cap. *I.* Die ersten Anfänge der Wissenschaft bei den ältesten Völkern der Weltgeschichte..................................	8
- *II.* Der Uebergang derselben zu den Griechen und ihre Entwicklung bis auf Gründung der alexandrinischen Schule..	19
III. Die Blüthezeit der alexandrinischen Schule bis auf Ptolemäos...	..
- *IV.* Von Ptolemäos bis zum Untergang Alexandriens......	103
- *V.* Von den Arabern und andern orientalischen Völkern.	123
- *VI.* Der Zustand der Mathematik bei den abendländischen Völkern bis auf die Erfindung der Buchdruckerkunst.	138
- *VII.* Das Wiederaufleben der Wissenschaften bis auf ihre Reformation durch Baco von Verulam, Galilei u. A.	148
Schlussbetrachtung..	183

„Optandum foret, ne pars eruditionis longe utilissima diutius negli-
„geretur, et bene de humano genere merebitur, qui vel unius malhesitos
„partis historiam exusciatam dederit, exemplo suo excitaturus alios ad
„totius operas conferendas."

       CHRIST. WOLF.

EINLEITUNG.

Die Geschichte einer jeden Wissenschaft ist der Spiegel ihres innersten Lebens von ihrem Ursprunge an bis auf den jeweiligen Zeitpunkt ihres Bestandes. Ich sage ausdrücklich: des innersten Lebens; denn die Geschichte soll keine bloss trockene Aufzählung der Thatsachen, keine chronologische Nebeneinanderstellung der Begebenheiten, keine Sammlung der Biographien der Männer, die sich in der Wissenschaft auszeichneten, keine Numeration ihrer Werke sein. Nein, sie soll in geordneter, organischer Entwicklung einen Gesammtbegriff des Gebäudes der Wissenschaft darstellen, anfangend bei dem Fundamente und fortfahrend bis zur letzten Stufe seiner Vollendung. Allerdings soll sie nicht versäumen, die verschiedenen Arbeiter an diesem Werke an ihrem rechten Orte und zu ihrer rechten Zeit mit dem Ganzen in gehörige Verbindung zu bringen und ihnen jene Stelle zuzuweisen, die ihnen als Begründer und Entwickler der Wissenschaft gebührt. So kann die Geschichte einzig die Anforderungen erfüllen, die man an sie stellt und stellen soll; so lehrt sie gleichsam die Wissenschaft, anstatt sie blos zu erzählen, so ist sie, mit einem Worte gesagt, die Biographie der Wissenschaft selbst.

Das schwierigste, doch wohl auch das erhabenste Gebiet menschlicher Geistesthätigkeit ist unstreitig das der Culturgeschichte. „*S'il existe une science de prévoir les progrès de l'espèce humaine, de les diriger, de les accélérer, l'histoire de ceux qu'elle a faits en doit être la base première"* sagt Condorcet in seinem genialen Werk*). So gewaltige Anstrengungen schon auf diesem Felde gemacht worden sind, so sehr auch die grössten Geister an dieser hehren Aufgabe gewirkt haben, dennoch ist sie zu allen Zeiten nur unvollständig gelöst worden und wird je länger je mehr unmöglich werden. Denn wo ist heutzutage der Sterbliche, der das unermessliche Material der Wissenschaften zu beherrschen wüsste?

Es ist daher, soll diese Aufgabe dennoch in einem gewissen Grade erfüllt werden, nothwendig, dass die Arbeit des Culturhistorikers getheilt, das heisst, dass die Geschichte der einzelnen Wissenschaften getrennt behandelt werde. So erhalten wir, wenn gleich ein zerrissenes, doch wenigstens ein vollständiges Bild der Entwicklung des menschlichen Geistes.

Wir wollen uns hier nicht in längere Erörterungen einlassen über den Nutzen der Geschichte der Wissenschaften. Nur dieas sei gesagt: Gleichwie der Geschichte der Menschheit, ihrer Thaten, Sitten und Institutionen der hohe Einfluss auf die Bildung des Menschengeschlechtes nicht abgesprochen werden kann, so hat auch die Geschichte jeder Wissenschaft in ihrer engern Sphäre die gleiche Berechtigung und ihre grossen Vortheile. Sie unterstützt in höchstem Grade das Verständniss der Wissenschaft selbst. Sie lehrt das erkennen, was bisher gethan wurde, sie lehrt das begreifen, was jetzt gethan wird, und sie erleichtert das Erfinden dessen, was noch gethan werden soll.

Und gerade die Mathematik ist es, die sich von allen Wissenschaften am besten zur geschichtlichen Darstellung eignet; denn, so dunkel auch ihre ersten Anfänge bei den verschiedenen Völkern des Alterthums sind und so schwer es ist, ihrem Ursprunge und ihrer ersten Entwicklung be-

---

*) *Esquisse d'un tableau historique des progrès de l'esprit humain.*

stimmte Grenzen zu geben, so lässt sich doch ihr weiterer
Verlauf mit einer Wahrheit und Sicherheit darstellen, wie
diess bei keiner andern Wissenschaft der Fall ist. Dieser
Umstand liegt in dem Wesen der Mathematik selbst. Sie
ist die Wissenschaft der strengen Wahrheit, der unumstösslichen Gesetze in Form und Natur. Ihre Schritte sind
immer sicher und fest nach vorwärts, niemals nach rückwärts gegangen. Ich führe hier über diesen Punkt Montucla's*) Worte an; sie bezeichnen so klar und bündig
das Wesentliche in der geschichtlichen Entwicklung der
Mathematik: — *On les a vues, il est vrai, souvent marcher
avec lenteur; elles ont été quelquefois et même des siècles
entiers, stationnaires, je veux dire, comme arrêtées dans
leur marche, et ne faisant aucun progrès sensible; mais on
les a vues moins que tout autre, rétrogrades, c'est-à-dire
prenant l'erreur pour la vérité, car dans la marche de l'esprit
humain, une erreur est un pas en arrière.*

Aber merkwürdig ist es, dass gerade die Geschichte dieser
Wissenschaft zu allen Zeiten am wenigsten gepflegt worden
ist. Was vor der Mitte des 18. Jahrhunderts in dieser Hinsicht gethan wurde, entspricht unsern Anforderungen keineswegs. Erstens erstrecken sich die geschichtlich-mathema-
tischen Abhandlungen jener Zeit meistens nur über einzelne
Disciplinen der Mathematik, besonders Astronomie und bisweilen auch nur über bestimmte Zeitpunkte; und zweitens
sind diese Werke fast durchschnittlich eine blosse chronologische Aufzählung der Gelehrten und ihrer Schriften.
Es sind in dieser Hinsicht zu erwähnen die Werke von:

Vossius, *de scientiis mathematicis.* 1650.

Deschalles, *de mathesos progressu et illustribus mathematicis.* 1690.

Wallis, *tractatus algebrae historicus et practicus.* 1684.

---

*) *Histoire des mathématiques.*

Cassini, *de l'origine et du progrès de l'astronomie.* 1693.

Das beste Werk dieser Zeit, das allerdings etwas später erschien, ist dasjenige von

Weidler, *Historia astronomiae.* 1741.

Es enthält im Anfange eine ziemlich lebendige Darstellung der Astronomie der alten Völker und ist mit grosser Gelehrsamkeit geschrieben. Gegen das Ende hin zeigt es sich aber nicht viel besser als die übrigen. Man muss freilich bedenken, dass in jener Zeit die Geschichtschreibung überhaupt kaum recht im Entstehen begriffen war, dass auch in andern Gebieten die Geschichte kaum anders als in chronologischer Beziehung zu Werke ging und dass die Nachrichten über das Alterthum und sogar das Mittelalter den Gelehrten damaliger Zeit nur spärlich zu Gebote standen. — Es darf daher schon als ein grosser Fortschritt bezeichnet werden, wenn kurze Zeit nach der Mitte des 18. Jahrhunderts ein Werk aus der Presse hervorging, das in Beziehung zu dem damaligen Standpunkt der Wissenschaft und der Geschichtschreibung unsern Anforderungen in der glücklichsten Weise Genüge leistet. Es sind diess die 2 Bände von

Montucla, *histoire des mathématiques*, 1758, durch de la Lande um 2 Bände vermehrt. 1802.

Montucla gibt in diesem Buche eine ziemlich erschöpfende, in schöner Sprache gehaltene, lebendige und zusammenhängende Darstellung der Geschichte der gesammten mathematischen Wissenschaften, worunter man damals, ausser der reinen Mathematik, die Astronomie, Mechanik, Optik und Akustik rechnete. Der grosse Unterschied dieses Werkes vor den vorhin genannten besteht eben darin, dass Montucla uns mit dem innersten Wesen eines Volkes, einer Schule, eines Mannes bekannt macht. Wir erhalten durch ihn einen klaren Begriff von dem Zustand der Astronomie bei den orientalischen Völkern, wir lernen die Behandlungsweise der Geometrie in der alexandrinischen Schule kennen, wir werden vertraut mit der Arithmetik eines Diophant. Ferner ist der Uebergang der Wissenschaft von einem Volke zum andern, von den orientalischen Nationen zu den Griechen und Römern, von diesen zu den Arabern und von diesen zu den Abendländern in organisch-zusammenhängender Darstellung geschildert und in gehörige Uebereinstimmung gebracht mit der übrigen Entwicklung und den sonstigen Verhältnissen dieser Völker. Abgesehen von den in einem so umfangreichen Werke beinahe unvermeidlichen Fehlern und Unrichtigkeiten leistet dasselbe in schönem Masse, was nun von einer Geschichte der mathematischen Wissenschaften in damaliger Zeit fordern konnte; es leistet diess als das erste und ist auch bis auf unsere Zeit nicht übertroffen worden. Im Jahre 1802 erschien eine kürzere Uebersicht der Geschichte der Mathematik von Bossut, die bei ihrem geringen Umfang wenigstens in Bezug auf die Behandlungsweise nichts zu wünschen übrig lässt. Soviel von diesen französischen Schriftstellern. Wie diese Nation damals in Geschichtschreibung und Literatur noch den unbestrittenen Vorrang hatte, am Ende des vorigen und am Anfang des jetzigen Jahrhunderts dann aber von den Deutschen erreicht und bald übertroffen wurde, so ist auch im 18. Jahrhundert auf dem Gebiete der mathematischen Geschichtschreibung von den Deutschen wenig geleistet worden. Ausser den bereits angeführten ältern Schriften von Vossius und Weidler mögen hier noch erwähnt werden:

Ch. Wolf, *de præcipuis scriptis mathematicis. 1763.*

Kaestner, Geschichte der Mathematik. 1790.

Aber auch diese reichen in keiner Beziehung an die vorhin genannten heran. Kaestners Geschichte behandelt das Alterthum nur ganz kurz, ja fast gar nicht und führt von der neuern Zeit nur die Werke der verschiedenen Mathematiker ihrem Inhalte nach, ohne Zusammenhang an.

Im 19. Jahrhundert ist auf diesem Gebiete bei keiner Nation mehr viel geleistet worden, und es scheint, dass in neuester Zeit die Geschichte der Mathematik ganz aus dem Gebiete der Wissenschaften verschwinden soll. Woher es kommt, dass bei dem heutigen Stand der Geschichtsforschung und der Culturgeschichte die realen Wissenschaften*) und unter diesen die Mathematik, besonders so vernachlässigt werden, weiss ich nicht. Doch wenn ich einen Grund angeben soll, so glaube ich ihn hauptsächlich darin zu finden, dass leider noch heutzutage humanistische und realistische Bildung so selten vereinigt sind, dass ein Geschichtschreiber und Philosoph selten Gefallen an Naturwissenschaften, und ein Naturforscher selten Interesse für Geschichte und Philosophie hat. Und doch wie nahe grenzen die Gipfelpunkte der realistischen und humanistischen Wissenschaften, Mathematik und Philosophie, aneinander, wie eng sind sie gegenseitig verbunden, so dass keine ohne die Gesetze der andern ihren richtigen Weg gehen kann?

Ich veröffentliche die nachfolgenden Blätter, nicht um etwa den im Anfang meiner Einleitung an eine vollkommene Geschichte der Mathematik gestellten Forderungen genügen zu wollen, dazu sind meine Kräfte zu schwach; sondern nur um wieder einmal eine Erinnerung an die grossen Vortheile einer geschichtlichen Behandlung der mathematischen Wissenschaften im Gedächtniss derjenigen aufzufrischen, die zur Erreichung des vorgesteckten Zieles gerüsteter sind als ich; damit doch ein Gebiet, das zwei Wissenschaften, die sich die strengste Wahrheit zur Aufgabe und zur Grundlage gemacht, in schönster Harmonie verbindet, nicht ganz zur Unwahrheit werde.

---

*) Die Geschichte der Inductiven Wissenschaften von dem Engländer Whowell, übersetzt von Littrow, 1840, ist das einzige vollständige Werk, das wir hierüber bekannt ist; die reine Mathematik ist aber auch hierin nur kurz berücksichtigt.

Schliesslich habe ich von neuern Schriften, die die Geschichte einzelner Zeitabschnitte oder einzelner Disciplinen der Mathematik behandeln, noch rühmend zu erwähnen:

Nesselmann, die Algebra der Griechen. 1842.

Cantor, Euklid und sein Jahrhundert. 1867.

Bretschneider, die Geometrie und die Geometer vor Euklides. 1870.

Vor allem aus aber fühle ich mich zu Dank verpflichtet für die Dienste, die mir das neu erschienene Handbuch der Mathematik etc. von Herrn Prof. R. Wolf durch seine reichen literarischen Notizen geleistet hat.

I.

Der Kampf um geistiges Eigenthum ist vielleicht ebenso alt, wie der um Leben und Dasein. Schon bei den Jägern und Ackerbauern der ältesten Zeiten haben Worte, Gedanken, Eigenschaften und Thaten der Menschen Streit und Fehde verursacht; und als die Entwicklung zum Zeitalter des Handels, der Künste und Wissenschaften fortschritt, stritten sich sowohl die Einzelnen um die Priorität der Erfindungen und Entdeckungen, als auch die Völker selbst um den Ruhm des Ursitzes der ersten Kenntnisse.

So kam es, dass Phönizier, Aegypter, Juden und Chinesen ihre Länder als die Wiege der Arithmetik betrachteten, dass Aegypter, Chaldäer und Chinesen die Astronomie in ihrem Schoosse entstanden glaubten. — Es liegt nicht in unserm Zwecke, die Geschichte der Mathematik in jene vorhistorischen Zeitalter zurückzuführen und die Erfinder ihrer einzelnen Disciplinen unter den mythologischen Gestalten des Alterthums aufzusuchen.

Doch erfordert eine vollständige und continuirliche Entwicklungsgeschichte immerhin, wenigstens die Ursachen und Umstände, die die Völker auf diese Wissenschaften geführt haben, in den Kreis der Betrachtung zu ziehen.

Wirft man einen Blick auf das Verhältniss aller Theile der Mathematik zum menschlichen Leben, so muss man erstens zu der Ueberzeugung gelangen, dass die Spuren dieser Wissenschaft am weitesten hinaufreichen in den Blättern der Culturgeschichte, und zweitens wird man jener Ansicht nicht mehr beipflichten können, dass diese den Erscheinungen des täglichen Lebens so nahestehenden Kenntnisse und Erfahrungen bloss bei einem einzigen, bestimmten Volke ihren Ursprung genommen haben. Dass die Wissenschaften bei den verschiedenen Nationen nicht den nämlichen Höhepunkt der Ausbildung erreicht haben, dass sie bei vielen nicht über die allerersten Begriffe von Zahl, Raum, Zeit u. s. w. hinausgekommen sind, ist selbstverständlich und hängt von den mannigfaltigsten Umständen ab; dass aber nur ein einziges Volk dazu bestimmt gewesen wäre, jene Grundbegriffe zu bilden, anzuwenden und sie den übrigen mitzutheilen, widerstreitet vollständig einer tieferen Betrachtung des geschichtlichen Entwicklungsprozesses der Menschheit.

Die primitivsten Zustände der Völker waren schon dazu geeignet, jene mathematischen und astronomischen Urbegriffe zum Bewusstsein des Individuums zu bringen. Der Hirt zählte seine Heerden, der Ackerbauer verglich die Grösse seines Grundstückes mit dem seines Nachbars; die Zahl der Tage, der Unterschied zwischen Tag und Nacht, die immer wiederkehrende und wieder verschwindende Sonne, der Mond und alle diese periodischen Erscheinungen mussten in dem Menschen bestimmte, dauernde Vorstellungen und Begriffe erwecken, die allerdings bei vielen Völkern nur Begriffe blieben, bei andern aber durch Einkleidung in gewisse Formen und Gesetze zu Systemen, zu Wissenschaften ausgebildet wurden. So mögen denn Handelsvölker, wie z. B. die Phoenicier, die Arithmetik vor allen andern gepflegt und ausgebildet haben; so können die Aegypter, um die befruchtenden Wasser ihres heiligen Nils durch Kanäle dem ganzen Lande zuzuführen, der Messkunde ihre besondere Gunst zugewendet haben; so waren endlich dem Sonnendienst ergebene Völker, wie die Chaldäer, durch ihre Religion auf die Betrachtung des gestirnten Himmels hingewiesen. Von diesen Verhältnissen mögen daher auch die Meinungen stammen, die diese Völker als die Erfinder dieser Wissenschaften bezeichnen.

Die Bildung eines Zahlensystems aus den Zahlen war der erste Schritt zu einer wissenschaftlichen Arithmetik. Nur für eine bestimmte Reihe von Zahlen verschiedene Worte gebrauchen und die übrigen alle durch Composition aus diesen primitiven Zahlen ableiten, heisst nach einem Systeme zählen. Die merkwürdige Erscheinung, dass beinahe alle bekannten Völker nach dem gleichen Systeme, nach 10 zählen, könnte vielleicht Viele in der besprochenen Ansicht bestärken, als gehe diese Erfindung von einem Volke aus und sei allmählig von den andern adoptirt worden. Aber ich möchte in dieser Uebereinstimmung gerade einen Beweis g e g e n jene Ansicht sehen. Die Wahl der Zahl zehn als Grundzahl war den Menschen durch ihre eigene Natur gleichsam indicirt. Um die Zahl der Einheiten beim Zählen im Gedächtniss zu behalten, veraugenscheinlichten sie dieselben durch die Finger der Hände. Bei der Zahl 10 angekommen, konnten sie auf diesem Wege, durch Hinzufügen neuer Einheiten, nicht mehr weiter und mussten daher dieselbe Zahlenreihe von Neuem durchlaufen. So bildete sich auf natürliche Weise das Zahlensystem nach der Zahl 10. Es sollen, was aber keineswegs historisch ist, andere Völker nach andern Systemen gezählt haben, z. B. die Chinesen nach der Zahl zwei. Dass es heutzutage noch Völker gibt, die eigentlich gar kein Zahlensystem haben, d. h. über eine bestimmte Zahl hinaus gar nicht mehr zählen können, steht fest.

Diess ist Alles, was sich über den Zustand der Arithmetik bei den ältesten Völkern sagen lässt. Vermuthen lässt sich allerdings, dass die Meisten derselben, ihren astronomischen Kenntnissen und Handelsbeziehungen nach zu urtheilen, die Arithmetik zu einer bedeutend höhern Ausbildung gebracht haben müssen.

Eben so wenig wissen wir über die ersten geometrischen Leistungen dieser Nationen. Herodot, Diodor und andere griechische Schriftsteller berichten uns von der Anwendung, die die Aegypter bei ihren grossartigen Bauten von dieser Wissenschaft machten; sie bezeichnen uns ägyptische Namen als die Erfinder derselben; sie sprechen von der mathematischen Bildung, die Thales und Pythagoras in Aegypten schöpften; aber die schwankende Glaubwürdigkeit jener Schriftsteller ist keineswegs dazu geeignet, aus ihren Angaben einen richtigen Schluss auf den Zustand der Geometrie bei den Aegyptern zu ziehen.

Es ist daher sehr weit gegriffen, wenn man, wie Réth in seiner „Geschichte unserer abendländischen Philosophie", den Aegyptern ausserordentliche Fortschritte in der Geometrie zuschreiben, und alles philosophische und mathematische Wissen der Griechen bis auf Platon, ja bis auf Euklid, ägyptisches Eigenthum nennen will. Es ist geradezu unmöglich, aus den griechischen Quellen einen klaren Einblick in den Zustand der ägyptischen Geometrie zu erlangen, zumal jene Schriftsteller, die über ägyptische Geschichte, oder über das Leben griechischer Philosophen geschrieben haben, von Mathematik meistens gar nichts verstanden. Nur so viel können wir daraus entnehmen, dass die mathematischen Kenntnisse der jonischen Schule nicht weit über denen der ägyptischen Priester standen.

Bretschneider führt in seinem jüngst erschienenen Werke*) einen Papyrus an, der aus der Hinterlassenschaft des Engländers Rhind an das brittische Museum übergegangen ist und aus dem wir mehr lernen, als aus den vielen Stellen griechischer Literaten. Derselbe enthüllt eine Reihe von Aufgaben über Ausmessung von Grundstücken, von Körpern, wie Pyramiden etc., über die Zerlegung und Theilung der Figuren und über verschiedene andere Zweige der praktischen Geometrie; von Lehrsätzen und Beweisen, überhaupt von einer von bestimmten Grundsätzen ausgehenden, theoretischen Behandlung ist keine Spur.

---

*) Die Geometrie und die Geometer vor Euclides. 1870.

Wir schliessen daraus, dass die Geometrie der Aegypter vor Allem aus praktischen Bedürfnissen diente, dass sie hauptsächlich constructiver Natur war, was allerdings auch von einzelnen griechischen Schriftstellern bestätigt wird, und dass von einem geordneten wissenschaftlichen Systeme bei ihnen keine Rede war. In dieser Form brachten Thales und seine Nachfolger die Kenntnisse der Aegypter nach Griechenland, woselbst sie erst zu einer eigentlichen Wissenschaft ausgebildet und geordnet wurden. Was aber von den Leistungen der jonischen und der pythagoräischen Schule ägyptischen Ursprungs und was eigenthümliches Produkt derselben ist, ist schwer zu entscheiden.

Die Astronomie lässt uns von allen Wissenschaften am tiefsten eindringen in ihre urälteste Entwicklungsgeschichte. Beinahe alle Culturvölker des Alterthums führen ihre Register astronomischer Beobachtungen und ihre Zeitrechnungen auf Jahrtausende vor Christus hinauf. Keine Wissenschaft weist ältere Denkmäler auf; sie wird daher auch mit Recht die älteste genannt. Die Aufstellung von Weltsystemen, von bestimmten Zeitperioden oder Cyklen, die Eintheilung des Thierkreises, die Berechnung der Jahreslänge, die Beobachtungen von Finsternissen etc., bilden das astronomische Wissen, zu welchem jene alten Völker gelangt sind und dessen Genauigkeit uns bei den damaligen Hülfsmitteln in gerechtes Erstaunen versetzen muss.

Die jährlich wiederkehrenden Perioden für die Arbeiten des Landmanns, des Jägers, das regelmässige Erscheinen und Verschwinden der Zugvögel und andere periodische Phänomene der Natur führten die Völker auf die Bestimmung des sog. Civiljahres mit einer ganzen Anzahl von Tagen und die Eintheilung desselben in Monate und Jahreszeiten. Die Betrachtung der Erscheinungen am gestirnten Himmel, der Auf- und Untergang der Sonne im Verhältniss zu den übrigen Gestirnen, ihre periodische Wiederkehr zu demselben Fixsterne und andere astronomische Verhältnisse bestimmten die Länge des seg. natürlichen oder siderischen Jahres.

Diese beiden Zeitperioden mit einander in Uebereinstimmung zu bringen, d. h. eine immerwährend gültige, den Verhältnissen angepasste Zeitrechnung aufzustellen, darin bestehen die ältesten Spuren wissenschaftlicher Bemühungen der ersten Culturvölker. Bald erweiterten und vervollständigten sich diese ersten Kenntnisse. Durch Vergleichung des Mondjahres mit dem siderischen, durch die Berücksichtigung der Präcession der Tag- und Nachtgleichen und des daraus hervorgehenden tropischen Jahres, durch eine genauere Bestimmung der Schiefe der Ekliptik und anderer auf die Aufstellung der Zeitrechnung einflussreicher Factoren brachten die Alten eine ausgezeichnete Genauigkeit in ihre Berechnungen.

Die Länge und übrige Beschaffenheit der Zeitcyklen war bei den verschiedenen Völkern eine verschiedene. Die alten Schriftsteller erwähnen besonders der ausgezeichneten Lanisolarperioden der Chaldäer, die überhaupt in der Astronomie einen hervorragenden Rang einnahmen und ihre Beobachtungen bis zu einer fabelhaften Zeit hinaufführten. Dass sie über das Jahr 2000 vor Christus hinaufgereicht haben, berichten uns mehrere Schriftsteller; allein die ältesten Denkmale, die wir kennen, und die uns durch Ptolemäos aufbewahrt worden sind, die Beobachtungen dreier Mondsfinsternisse, datiren erst aus der Zeit Nahonassars, aus den Jahren 710 und 720 v. Chr.

Die hauptsächlichste und berühmteste Periode der chaldäischen Zeitrechnung ist diejenige von Saros, die aus 223 Mondmonaten oder $6585^d\ 11^h$ bestand, nach welcher Zeit der Mond fast genau in die gleiche Lage zur Sonne zurückkehrt. Derselben entspricht eine Jahreslänge von $365^d\ 5^h\ 49^m\ 30^s$. Der arabische Astronom Alhategnius aber berichtet uns, dass die Chaldäer die Länge des siderischen Jahres $365^d\ 6^h\ 11^m$ angenommen hätten, was nöthwendig auf die Bekanntschaft dieses Volkes mit dem Vorrücken der Tag- und Nachtgleichen schliessen lässt. Auch die Sonnenuhren sollen, wie uns Herodot berichtet, die Chaldäer schon gekannt haben. Was die Ursachen der Finsternisse, die Gestalt und Grösse der Erde anbetrifft, so waren sie, wie die meisten übrigen alten Völker, auf diesem Gebiete noch weit zurück. Es war eben zur wahren Erkenntniss dieser Dinge mehr als blosse Beobachtung nöthig.

Eben so weit hinauf wie die Chaldäer führen die Aegypter ihre astronomischen Annalen. Dieselben berichten uns von 373 Sonnen- und 832 Mondsfinsternissen, die vor der alexandrinischen Periode beobachtet wurden. In der Berechnung der Finsternisse mögen die Aegypter ziemlich weit vorgeschritten gewesen sein; Thales soll, wie bekannt, bei ihnen diese astronomische Kunst gelernt haben.

Die Historiker des Alterthums schreiben den Aegyptern ein besonderes Weltsystem zu, nach welchem sie die Planeten Mercur und Venus sich um die Sonne bewegen liessen. Andere behaupten sogar, sie hätten allen Planeten eine Bewegung um die Sonne gegeben. Doch darüber lassen sich bloss Vermuthungen aussprechen. Schon wahrscheinlicher ist, dass die Namen der Planeten und die nach ihnen gebildete Benennung der Wochentage ägyptischen Ursprunges sind. Doch finden wir bei den Chaldäern, Indiern und andern alten Völkern die nämlichen mythologischen Bezeichnungen der Planeten und die Eintheilung der Woche in 7 Tage, und alle andern Völker, auch die Germanen, haben ihre entsprechenden Götternamen den Tagen der Woche in gleicher Reihenfolge gegeben*). Ebenso ist

---

*) So kommt Donnerstag von Thor, dem Donnergotte, und Freitag von Freya, der Venus der Germanen. u. s. f.

auch die Eintheilung des Zodiacus in 12 Theile oder Sternbilder und die Benennung der letztern bei fast allen Völkern des Alterthums eine ähnliche, durch religiösmythische Verhältnisse beeinflusste und wir dürfen daher wohl mit Laplace die Eintheilung der Woche und die des Thierkreises als die urältesten astronomischen Denkmale der Vorzeit betrachten.

Die Zeitrechnung der Aegypter war sehr berühmt und bestand seit den ältesten Zeiten bis auf Augustus. Das Eigenthümliche derselben, worin sie von den Zeitrechnungen fast aller übrigen gebildeten Völker abweicht, ist der Umstand, dass die Aegypter das Jahr nur zu 365 vollen Tagen annahmen und daher durch Vernachlässigung der 6 Stunden den Anfang des Jahres alle Jahreszeiten durchwandern liessen. Es hing dieses mit ihren religiösen Gebräuchen, Festen und Opfern zusammen, die nicht immer auf die gleiche Zeit des Jahres fallen durften.

Die Zeitperiode, nach welcher der Jahresanfang wieder auf den nämlichen Tag fiel, betrug 1461 Jahre und wurde die Sothische oder Canicular-Periode genannt, von Sothis, dem ägyptischen Namen für Sirius, indem nämlich die Aegypter nicht den jährlichen Lauf der Sonne, sondern den des Sirius in Berücksichtigung zogen, weil der heliache Aufgang dieses Fixsternes mit der Ueberschwemmung ihres heiligen Stromes zusammentraf.

Da verschiedene Schriftsteller des Alterthums die Erneuerung der Sothischen Periode in die Regierung Antonin des Frommen, d. h. ungefähr auf das Jahr 138 nach Christo setzten, versuchten einige neuere Gelehrte hieraus den Anfang der ägyptischen Zeitrechnung auf das Jahr 1323 vor Christo hinaufzuführen und hierdurch den chronologischen Daten der ägyptischen Geschichte einen genaueren Anhaltspunkt zu verschaffen.

Es bleibt mir noch übrig, einen kurzen Blick auf die Astronomie zweier Völker zu werfen, die, wenn sie auch nicht wie die vorhin genannten, auf die Entwicklung der Wissenschaft eingewirkt haben und schon mehr vereinzelt dastehen, dennoch einen Platz in der Geschichte derselben verdienen.

Die Chinesen und Indier rühmen sich ebenso alter astronomischer Beobachtungen wie die Chaldäer und Aegypter. Die chinesischen Annalen berichten von einer Conjunction von 5 Planeten, die um das Jahr 2500 v. Chr. beobachtet worden sein soll. Und wirklich sollen nach Montucla der Astronom Kirch in Berlin und der franz. Chronologe des Vignoles im vorigen Jahrhundert die Thatsache einer solchen Erscheinung für das Jahr 2449 v. Chr. nachgewiesen haben. Ebenso soll unter dem Kaiser Tschong-Kang im Jahr 2155 v. Chr. eine Sonnenfinsterniss beobachtet worden sein. Man berichtet uns auch von strengen Gesetzen, die in dieser Hinsicht in China existirten. So wurden Astronomen, die die Vorhersagung einer Finsterniss verpassten, zum Tode verurtheilt. So alt übrigens auch die astronomischen Kenntnisse der Chinesen sein mögen, weit über Beobachtung von Finsternissen hinaus werden sie bei dem stagnanten Character ihres geistigen Lebens nicht gelangt sein.

Abweichend von andern Völkern des Alterthums theilten die Chinesen, wie ehemals die Araber (vor Mohammed) den Thierkreis in 28 Constellationen. Ferner rechnen sie nicht, wie wir, nach Jahrhunderten, sondern nach Perioden von 60 Jahren. Ihre Jahre sind lunisolar, mit Monaten von abwechselnd 30 und 29 Tagen.

Die Länge des Jahres nahmen sie $365^d\ 6^h$ an und kannten den Cyclus von 19 Jahren gleich 235 Mondumläufen. Unter Dschingischans Nachfolgern war, wie wir später sehen werden in Persien, so auch in China, die Astronomie in hoher Blüthe; die Astronomen jener Zeit bestimmten die Länge des Jahres auf $365^d\ 5^h\ 49^m\ 12^s$ eine ausgezeichnete Genauigkeit. Doch mit dem schnellen Verfall jenes Herrscherhauses fiel auch die Wissenschaft in ihre alten

Grenzen zurück und China steht heutzutage nicht höher, wo nicht tiefer als im 12. Jahrhundert. Freilich verdankt dieses Volk seiner bewunderungswürdigen Lebenszähigkeit und dem erstaunlichen Phlegma der geistigen Entwicklung sein grosses Alter; wie viele Nationen und Weltreiche sah es schon vom Schauplatz der Geschichte verschwinden!

Nur sehr mangelhaft sind unsere Kenntnisse über den Zustand der Astronomie bei den Indiern. Der berühmte französische Gelehrte Cassini hat in den Memoiren der französischen Academie vom Jahr 1699 eine längere Abhandlung darüber veröffentlicht. Aus derselben lernen wir, dass die Indier zwei Eintheilungen des Thierkreises hatten, eine dem Laufe des Mondes entsprechende in 27, eine andere auf die Sonne bezügliche in 12 Theile. Die Namen der einzelnen Constellationen haben mit denen der Chaldäer, Aegypter und Griechen viel Aehnlichkeit, was bei denen der Chinesen nicht der Fall ist. Cassini berichtet ferner, dass die Indier das siderische und tropische Jahr unterschieden, und das erstere zu 365^d 6^h 12^m, das letztere zu 365^d 5^h 55^m berechneten, welche Bestimmung mit derjenigen Hipparchs ziemlich nahe zusammentreffen würde. Auch kannten sie den Cyclus von 19 Sonnenjahren gleich 235 Mondmonaten. Ihre astronomische Zeitrechnung soll vom Jahr 638 n. Chr. datiren, und es ist also sehr wahrscheinlich, dass die Blüthe der Wissenschaft bei diesem Volke in die Zeit fällt, da die Araber ihre Herrschaft über Kleinasien und Persien bis an die Grenzen Indiens ausdehnten. Wohl möglich, dass zu jener Zeit auch unsere Ziffern den Arabern, die in bedeutender Handelsverbindung mit den Indiern standen, bekannt worden sind. Leider fehlen uns darüber alle Anhaltspunkte, und der heutige Culturgrad der Indier ist nicht geeignet, uns eine hohe Meinung von ihrer einstigen Blüthe beizubringen.

Dies ist in Kurzem, was sich über das mathematische Wissen der ältesten Völker sagen lässt. Wie schon bemerkt, lässt sich über den Zustand der Arithmetik und Geometrie nur ein indirektes, aus dem Grad der astronomischen Bildung hergeleitetes Urtheil bilden. Jene Völker erhoben sich nicht weit über die blosse Betrachtung der physischen Welt; erst den Griechen war es vorbehalten, die Gesetze jener physischen Erscheinungen ihren philosophischen Speculationen zu unterwerfen und so aus dem grossen Chaos beobachteter Naturerscheinungen einzelne Gebiete abzusondern, das Abstracte vom Wesentlichen zu trennen und auf diese Weise Arithmetik und Geometrie, Physik und Astronomie einzeln zu systematisch geordneten Wissenschaften auszubilden.

II.

Die ersten Anfänge griechischer Cultur sind in beinahe ebenso dunklen Hintergrund gerückt, wie die der betrachteten Völker. Wie bei diesen, beschränken sich bei den Griechen die mathematisch-astronomischen Kenntnisse vor Thales und Pythagoras auf die zur Schifffahrt und zum Landbau nothwendige Bekanntschaft mit den periodischen Erscheinungen des Himmels, mit den Constellationen, mit der Beobachtung von Finsternissen und mit der Eintheilung der Zeit behufs der religiösen Feste. Die Eintheilung des Thierkreises und des ganzen gestirnten Himmels in die sog. Sternbilder und die mythologische Bezeichnung dieser letzteren scheint bei den Griechen eine besondere Gunst und Aufmerksamkeit genossen zu haben. Ihre pantheistische Religion und ihre ausgebildete Mythologie waren zu solchen mythisch-allegorischen Spielereien wohl geeignet. Im grossen Ganzen haben die abendländischen Völker jene hellenischen Ausdrücke und Bezeichnungen adoptirt.

Griechische Schriftsteller und neuere Gelehrte wollen die Entstehung der griechischen Astronomie, d. h. die Eintheilung des gestirnten Himmels in die Zeit des Argonautenzuges und des trojanischen Krieges hinauf versetzen. Allein solche Versuche haben keinen reellen Werth; die Entwicklung des geistigen Lebens, die Fortschritte der Wissenschaften sind nicht an einzelne Momente gebunden; sie sind innig verknüpft mit dem stetigen Wachsen, Blühen und Sinken der Nationen. Dichter mögen wohl ihre Phantasie auf solchen hervorragenden Ereignissen ruhen lassen, der Historiker aber sieht in der Entwicklungsgeschichte aller Völker nur ein ewig unveränderliches Gesetz.

Wir übergehen also die Fabeln und Mythen, die die
unerschöpfliche Phantasie, die reiche Einbildungskraft der
Griechen in das Buch des Himmels geschrieben; wir unterlassen die Aufzählung der Sagen, die einzelnen Männern
die Verpflanzung der Wissenschaften und Künste aus
Aegypten, aus Phönizien etc. nach Griechenland zuschreiben,
um auf jene Zeiten zu gelangen, wo ein Thales und
Pythagoras durch Gründung der ersten philosophischen
Schulen der Mathematik und Astronomie einen reelleren
Boden, einen höheren Zweck verliehen haben.

Leider sind auch der Quellen für diese erste Periode
der wissenschaftlichen Entwicklung nur wenige, dazu noch
unzuverlässige und unvollkommene, auf uns gekommen. Die
meisten Schriftsteller, wie Diogenes Laertios, Plutarchos, Jamblichos etc. haben nur sehr wenige, vereinzelte, oft einander widersprechende, bloss indirecte Angaben, so dass es oft sehr schwierig, geradezu unmöglich
ist, die Wahrheit herauszufinden. Am glaubwürdigsten sind
jedenfalls diejenigen, die aus des Eudemos Geschichte
der Astronomie und Geometrie geschöpft haben. Eudemos war ein Schüler des Aristoteles und nach dem
Zeugniss eines Proklos und anderer Mathematiker in
diesen Wissenschaften sehr bewandert. Zum grössten Nachtheile der geschichtlichen Forschung sind nur noch einige
unbedeutende Bruchstücke seines Werkes vorhanden, die
uns theils Proklos in seinem Commentar zum Euklid,
theils Simplikios in demjenigen zu des Aristoteles
„physica auscultatio" aufbewahrt hat. Ungefähr zu gleicher
Zeit mit Eudemos schrieb Theophrastos von Eresos
eine Geschichte der Mathematik, die ebenfalls verloren gegangen ist. Hiezu kommt noch, dass Thales, Pythagoras
und die meisten Philosophen jener Zeit keine schriftlichen
Denkmäler hinterliessen, daher es selbst für die griechischen
Schriftsteller bisweilen schwierig war zu entscheiden, welchem
Mathematiker diese oder jene Erfindung zuzuschreiben sei.

Nach dem einstimmigen Zeugniss der hauptsächlichsten Schriftsteller, die über das Leben der ersten griechischen Philosophen geschrieben haben, verdankt man Thales die Verpflanzung der Geometrie und der wissenschaftlichen Astronomie aus Aegypten nach Griechenland. Thales wurde zu Milet um's Jahr 640 v. Chr. geboren. Er verliess früh sein Vaterland, um bei den ägyptischen Weisen die Wissenschaften der Natur zu studiren. Er soll daselbst, wie Plutarch berichtet, bald seine Lehrer übertroffen und zum grossen Erstaunen des Königs Amasis die Höhe der Pyramiden aus ihrem Schatten berechnet haben. Der nämliche Schriftsteller, der übrigens gerade in diesem Fall der unzuverlässigste ist, gibt auch an, Thales sei dabei von der Betrachtung ausgegangen, dass bei allen Körpern zu gleicher Zeit das Verhältniss derselben zu ihrem Schatten das nämliche sei. Diese Art der Messung würde allerdings die Lehre von den Proportionen voraussetzen, die wir aber so wenig den Aegyptern als Thales als bekannt voraussetzen dürfen, indem dieselbe erst viel später in der Mathematik der Griechen auftritt. So können wir daher eher dem Diogenes Laertios glauben, der den Thales den Schatten der Pyramide messen lässt, wann der Schatten irgend eines andern Gegenstandes mit dem letzteren gleiche Höhe hat. Ueber die andern geometrischen Sätze, die dem Thales zugeschrieben werden, belehrt uns des Proklos Commentar zum I. Buch des Euklid. Darin werden ihm zugeschrieben der Beweis der Gleichheit der Scheitelwinkel, der Gleichheit der Winkel an der Basis des gleichschenkligen Dreieckes, der Beweis des zweiten Congruenzsatzes und die Lösung der darauf sich gründenden Aufgabe, die Entfernung der Schiffe auf dem Meere vom Hafen aus zu messen, und der Beweis, dass der Kreis durch den Durchmesser halbirt wird. Diogenes Laertios schreibt ihm ferner noch die Erfindung des Satzes zu, dass die Dreiecke über dem Kreisdurchmesser rechtwinklig seien. Die Freude über diese Entdeckung soll so gross gewesen sein, dass er einen Stier geopfert habe. Diess wird übrigens von Andern auch vom Pythagoras erzählt und zwar bei Anlass des gleichen Satzes. Wie viele und welche von diesen Erfindungen des Thales eigenthümliches Product und welche schon den Aegyptern bekannt waren, ist nicht zu entscheiden. Soviel aber ist wenigstens aus dem einzigen Papyrus des Mr. Rhind zu erkennen, dass die Aegypter schon mit diesen elementaren Sützen der Planimetrie vertraut gewesen sein müssen. Daraus aber möchte ich noch nicht mit Bretschneider schliessen, dass es mit den Erfindungen des Thales nicht weit her sein könne, zumal Proklos bemerkt, dass die angeführten Sätze bei weitem nicht alle seien, die dem Thales zugeschrieben werden; dass er Vieles selbst entdeckt, von Vielem aber die Anfänge seinen Nachfolgern überliefert habe; einiges habe er verallgemeinert, anderes mehr sinnlich fassbar gemacht. Dann ist es keineswegs ausgemacht, ob Thales das ganze geometrische Wissen der Aegypter sich angeeignet habe, da er, wie einige Schriftsteller anführen, besonders der Astronomie seine Aufmerksamkeit geschenkt habe. Er kann daher leicht Sätze, die die Aegypter schon kannten, ohne dass er es wusste, als seine eigenen ausgegeben haben. Doch auf dieses Gebiet der Critik einzutreten, hat keinen Zweck. Es genügt für uns zu wissen, was für geometrische Sätze zu jener Zeit den Griechen bekannt waren; ob die Aegypter oder Thales sie erfunden, lassen wir dahin gestellt.

In den wissenschaftlich-astronomischen Berechnungen und Beobachtungen halten wir die Aegypter für die eigentlichen Lehrmeister des Thales. Bekannt ist seine Voraussagung einer Finsterniss auf das Jahr 585 v. Chr., zu welcher Zeit sie auch wirklich eingetroffen ist. Ob aber Thales auch den bestimmten Tag des Ereignisses angegeben hat, ist nicht gewiss; die Schriftsteller berichten darüber nichts genaueres. Diog. Laertios und Plutarch schreiben ihm ferner die Entdeckung des Laufes der Sonne zwischen den beiden Wendekreisen zu, die Zeitbestimmung des Jahres zu 365 Tagen, die Lehre von der Kugelgestalt der Erde und ihrer Lage im Mittelpunkt der Welt, die Schiefe des Thierkreises und die Eintheilung des Himmelsgewölbes in fünf Zonen. Wir können, da noch andere Schriftsteller mit diesen beiden übereinstimmen, diese Angaben als richtig annehmen. Anders verhält es sich mit der Stelle des Diog. Laert. (Lib. I.), nach welcher die Grösse des Mondes nach Thales der 720ste Theil von der der Sonne sei: „καὶ πρῶτος πρὸς τὸ τοῦ ἡλίου μέγεθος τὸ τοῦ σεληναίου ἑπτακοσιοστὸν καὶ εἰκοστὸν μέρος ἀπεφήνατο κατά τινας." Wie so Vieles bei Diog. Laert. über die naturwissenschaftlichen Ansichten der alten Philosophen falsch aufgefasst ist, so auch dieses. So weit unsere Kenntnisse über die astronomischen Leistungen der jonischen und pythagoräischen Schule reichen, können wir diese Stelle nicht anders auffassen, als dass Thales in dem Durchmesser der Sonne den 720. Theil ihrer Bahn gefunden habe. Diese Auslegung wird auch direct bestätigt, durch eine Stelle des Apulejus, der im IV. Buch Floridorum sagt: *Idem (Thales) sane jam proclivi senectute dirinam rationem de sole commentus est, quam equidem non didici modo, cerum etiam experiundo comprobari: quoliens sol magnitudine sua circulum, quem permeat, metiatur. Id a se recens inventum, Thales memoratur edocuisse Mandraylum Prienensem* — etc.

Dieses Verhältniss des scheinbaren Sonnendurchmessers zur Peripherie des Thierkreises wäre also von Thales schon ziemlich genau bestimmt worden. Merkwürdig bleibt es allerdings, dass über diesen Punkt keine andern Notizen des Alterthums vorliegen.

Thales stiftete nach seiner Rückkehr aus Aegypten die sog. jonische Schule. Seine nächsten und hauptsächlichsten Schüler sind **Anaximandros** und **Anaximenes**, deren Wirken ungefähr in die Mitte des 6. Jahrhunderts

v. Chr. fällt. Von geometrischen Entdeckungen dieser Philosophen ist uns wenig oder fast gar nichts bekannt; ihr Hauptstudium ging auf die Ausbildung ihres philosophischen Systems; daher uns denn wohl ihre physisch-astronomischen Lehren über die Constitution des Weltgebäudes ziemlich vollständig überliefert worden sind. Der erstere lehrte nach Diog. Laert. (Lib. II.) die Ruhe der Erde im Mittelpunkt des Weltalls, ihre kugelförmige Gestalt; ferner, dass der Mond sein Licht von der Sonne erhalte, dass die Sonne eine feurige Masse wenigstens eben so gross wie die Erde sei. Er soll auch den Gnomon erfunden und zuerst einen Stundenzeiger verfertigt haben. Auch die ersten Darstellungen der Himmelskugel auf einem Globus sollen von ihm herrühren. Anaximander bildete also die Lehren seines Vorgängers weiter aus und bereicherte besonders die Hülfsmittel der practischen Astronomie durch die Erfindung des Gnomons und der astronomischen Karten. Es ist indess anzunehmen, dass die Aegypter ein so primitives Instrument, wie den Gnomon, wohl schon gekannt haben müssen. Auch berichtet Herodot, (Lib. II. c. 109): πόλον μὲν γὰρ καὶ γνώμονα καὶ τὰ δυώδεκα μέρεα τῆς ἡμέρης παρὰ Βαβυλωνίων ἔμαθον οἱ Ἕλληνες — den Stundenzeiger und den Gnomon und die 12 Theile des Tages lernten die Hellenen von den Babyloniern. — Dass man solchen Angaben natürlich nicht gross Rechnung tragen kann, versteht sich von selbst. Allein sie dienen immerhin dazu, andere schon zweifelhafte Stellen vollends zu entkräftigen. Es wäre daher wohl richtiger, dem Anaximander die blosse Einführung des Gnomons statt dessen Erfindung zuzuschreiben. Des Anaximandros Schüler war Anaximenes. Ihn bezeichnet Plinius (hist. nat. Lib. II.) als den Erfinder des Gnomons und der Sonnenuhren, verwechselt ihn aber wahrscheinlich mit Anaximander. Sonst ist über seine mathematischen Leistungen nichts bekannt. Auch von Anaxagoras, des Anaximenes Schüler, der um's Jahr 460 v. Chr. wirkte, wissen wir wenig, als dass er nach **Plutarch** (de exilio cap. 17) sich im Gefängniss mit der Quadratur des Kreises beschäftigt haben soll. Auch scheinen seine philosophischen Ansichten über die Einrichtung des Weltgebäudes den Einfluss der damals schon herrschenden pythagoräischen Lehren nicht verleugnen zu können. Besonders interessant ist die Aeusserung, die ihm **Diog. Laert.** (Lib. II. 3) in den Mund legt, über die Gestirne. Diese, sagt er, sind aus Steinen zusammengesetzt, die aber nicht auf die Erde herunterfallen, weil sie in einer schnellen Kreisbewegung begriffen sind. Wer würde hierin nicht die ersten Spuren von der Kenntniss jener Kraft entdecken, die in Verbindung mit der Schwerkraft so viele Jahrhunderte später der unsterbliche **Newton** den Bewegungen des Weltsystems zur Grundlage gelegt hat!

Ungefähr zu gleicher Zeit mit **Anaxagoras** lebte der Mathematiker **Oenopides** von Chios. Nach **Proklo's**, resp. Eudemos soll derselbe der Erfinder der beiden elementaren Aufgaben sein: von einem Punkte ausserhalb einer Geraden eine Senkrechte auf diese letztere zu fällen und an eine Gerade einen gegebenen Winkel anzulegen. Sollten diese Angaben des **Eudemos** richtig sein, so könnten wir nicht umhin, den Zustand der Geometrie zu jener Zeit noch einen sehr primitiven zu nennen. Allein da die Blüthe des **Pythagoras** vor die Mitte des 5. Jahrhunderts, also vor **Oenopides** fällt, so müssen wir jedenfalls entweder diese Angaben des Eudemos als unrichtig betrachten, oder seine Lebenszeit viel weiter hinaufrücken.

Die angeführten Erfindungen und Theorien der jonischen Schule fanden ihre weitere Ausbildung unter den Anhängern der italischen, deren Stifter **Pythagoras** war. Dieser berühmte Mann wurde um's Jahr 570 v. Chr. zu Samos geboren. Seinen ersten Unterricht genoss er bei **Pherekydes** von Syros, war auch mit **Thales** bekannt reiste auf dessen Rath hin nach Aegypten und soll dann von hier aus nach Babylonien, selbst bis nach Indien gekommen sein. Mit reichen Kenntnissen versehen, kehrte er in die Heimat zurück, verliess sie indessen sogleich wieder, da er unter der Tyrannis, die sich daselbst an die Spitze geschwungen, keinen geeigneten Boden für seine philosophischen Lehren fand, und begab sich nach Kroton in Unteritalien. Hier brachte er in kurzer Zeit jene berühmte Schule zu hoher Blüthe, der wir so bedeutende Fortschritte in Mathematik und Naturwissenschaften zu verdanken haben. Er starb zu Motapontum im Alter von 90 Jahren.

Die mathematischen Leistungen der pythagoräischen Schule hangen auf's innigste mit ihren philosophischen Grundsätzen zusammen. Ihre mysteriöse, supernaturalistische Tendenz, in den Eigenschaften der abstracten Grössen die Erklärung der Erscheinungen der Natur, den Urgrund aller Dinge zu suchen, hat sie auf eine höhere, wissenschaftlichere Auffassung der Mathematik geführt, als dies bei der mehr practischen Richtung der jonischen Schule der Fall war. So berichtet uns auch Proklos in seinem Commentar zum Euklid und zwar in dem kurzen geschichtlichen Ueberblick, den er darin gibt: „Nach diesen (Thales u. s. w.) gab Pythagoras dem Wissenszweige der Mathematik die Gestalt einer freiern Wissenschaft, indem er die Prinzipien derselben von höherem Gesichtspunkt aus ($\mathring{\alpha}\nu\omega\vartheta\iota\nu$) betrachtete und die Theoreme derselben in materieller ($\mathring{\alpha}\ddot{\upsilon}\lambda\omega\varsigma$) und intellectueller ($\nu o \varepsilon \rho \tilde{\omega} \varsigma$) Hinsicht erforschte." Als speciellen Ausfluss jener mysteriösen Seite der pythagoräischen Philosophie können wir die Erfolge betrachten, die die Arithmetik dieser Schule verdankt. Wenn auch jene unnützen Speculationen mit vollkommenen und unvollkommenen, mit pyramidalen und polygonalen Zahlen, und wie diese Eintheilungen alle genannt wurden, keine eigentlich wissenschaftliche Grundlage hatten und in gewisser Beziehung sogar den Glanz ihrer mathematischen Verdienste verdunkelten, so können wir nicht umhin zuzugestehen, dass sie den Anfang für eine neue Wissenschaft bildeten. Die Griechen unterschieden die Arithmetik in reine Arithmetik (ἀριθμητική) und in praktische Rechenkunst (λογιστική). Die erstere, die wir heutzutage Zahlenlehre oder Zahlentheorie nennen, verdankt ihre Einführung und ihre erste Ausbildung den Pythagoräern. Wohl möglich, dass Pythagoras die Anfangsgründe derselben von den Babyloniern oder Aegyptern entlehnt hat; immerhin aber war er der erste Grieche, dem wir die Kenntniss von den Proportionen und Progressionen zuschreiben dürfen. Von den erstern unterschied er drei, die arithmetische, die geometrische und die harmonische Proportion, die mit den heutigen Benennungen übereinstimmen; von den Progressionen kannte er wahrscheinlich nur die arithmetischen, die ihm für seine Zahlenspekulationen ein reichliches Feld darboten.

Der Satz, dass die Reihe der ungeraden Zahlen Glied für Glied addirt, die Reihe der Quadratzahlen liefert, gab, wie wir aus Proklos sehen, Pythagoras ein Mittel, rationale rechtwinklige Dreiecke zu bilden. Die Regel ist folgende: Man nehme eine ungerade Zahl als die kleinere Kathete an, von deren Quadrat die Einheit subtrahirt und den Rest halbirt, gibt die grössere Kathete, zu dieser die Einheit addirt, gibt die Hypotenuse. — Auf gleiche Weise, wie die Quadratzahlen, ergaben sich aus andern arithmetischen Progressionen die verschiedenen Arten von Polygonalzahlen. Mit diesen arithmetischen Kenntnissen hangen die ersten geometrischen Erfindungen der Pythagoräer auf's engste zusammen. Die Lehre von den geometrischen Proportionen hatte in der Geometrie die Aehnlichkeitssätze zur Parallele; ferner ist die Aufgabe, zu zwei Geraden eine mittlere Proportionale zu finden, die nächste Folge der Proportionslehre. Plutarch schreibt dem Pythagoras die Lösung des Problems zu, zu zwei gegebenen Figuren eine dritte zu konstruiren, die der einen gleich und der andern ähnlich sei. Inwiefern dem Pythagoras selbst das Verdienst dieser Erfindungen zukommt, ist schwer zu entscheiden; wohl aber sind wir durch die spätern Leistungen seiner Schüler darauf hingewiesen, die Entstehung derselben in die ersten Zeiten der Schule zurückzuversetzen. Mit der Lehre von den arithmetischen Progressionen steht, wie schon bemerkt, im Zusammenhang die Aufsuchung rechtwinkliger, rationaler Dreiecke und damit eine andere wichtige Entdeckung, die gemeiniglich den Pythagoräern zugeschrieben wird, der Begriff der Irrationallinien und der Incommensurabilität, deren hohe Bedeutung für die Mathematik aber erst zu einer spätern Zeit zur Geltung kam. In eben dasselbe Gebiet gehört die Erfindung des altberühmten Lehrsatzes, dass die Quadrate der Katheten, demjenigen der Hypotenuse gleich sind, die von allen Schriftstellern des Alterthums übereinstimmend dem Pythagoras zugeschrieben wird. Die Angaben des Diog. Laert. und des Plutarch, dass er aus Freude darüber einen Stier geopfert habe, gehören sehr wahrscheinlich in's Gebiet der Fabel, denn sie widersprechen vollständig den Prinzipien und Lehren der pythagoräischen Philosophie. — Auch der Beschäftigung mit den Polygonalzahlen entspricht auf dem Felde der Geometrie ein Abschnitt, dem die Pythagoräer besondere Aufmerksamkeit zu Theil werden liessen, die Lehre von den regelmässigen Vielecken und regulären Körpern. Diese letztern dienten ihnen als Symbole für die Elemente der physischen Welt. Der Erde entsprach der Würfel, dem Feuer das Tetraëder, der Luft das Octaëder, dem Wasser das Icosaëder, die Kugel aber dem gesammten Weltall, indem sie alle jene Körper in sich fasst. So lehrt uns Platon im Timaeos.

Unter allen ebenen Figuren war das rechtwinklige Dreieck, das aus der Halbirung des gleichseitigen entstand, bei den Pythagoräern das schönste und vollkommenste, weshalb sie sich alle regelmässigen Vielecke, überhaupt die ganze Ebene um einen Punkt herum, aus solchen Dreiecken zusammengesetzt dachten. Aus diesem Princip, alle ebenen Figuren auf Dreiecke zurückzuführen, entwickelten sich wohl die Theoreme über das Vergleichen und Anlegen ($\pi\alpha\rho\alpha\beta\acute{\alpha}\lambda\lambda\epsilon\iota\nu$) von Flächen, deren Erfindung ebenfalls den Pythagoräern beigelegt wird,; wie z. B. der Satz, ein Parallelogramm einem gegebenen Dreiecke gleich unter einem gegebenen Winkel an eine Gerade anzulegen.

Montucla bezeichnet in seiner Geschichte der Mathematik Pythagoras als den Erfinder der Lehre von der Isoperimetrie und schliesst dies aus den Worten des Diog. Laert. (Lib. VIII.): „$\kappa\alpha\grave{\iota}$ $\tau\tilde{\omega}\nu$ $\sigma\chi\eta\mu\acute{\alpha}\tau\omega\nu$ $\tau\grave{o}$ $\kappa\acute{\alpha}\lambda\lambda\iota\sigma\tau o\nu$ $\sigma\varphi\alpha\tilde{\iota}\rho\alpha\nu$ $\epsilon\tilde{\iota}\nu\alpha\iota$ $\tau\tilde{\omega}\nu$ $\sigma\tau\epsilon\rho\epsilon\tilde{\omega}\nu$, $\tau\tilde{\omega}\nu$ $\delta\grave{\epsilon}$ $\dot{\epsilon}\pi\iota\pi\acute{\epsilon}\delta\omega\nu$ $\varkappa\acute{\nu}\varkappa\lambda o\nu$" — unter den Körpern sei der edelste die Kugel, unter den ebenen Figuren der Kreis. — Allerdings ist es, wie Bretschneider sagt, rein unbegreiflich, wie Montucla diesen Satz mit jenem zusammenschmelzen konnte, dass die Kugel unter allen Körpern von gleicher Oberfläche den grössten Inhalt, der Kreis unter allen Figuren von gleichem Umfange, die grösste Fläche hat; zumal jene Angabe des Diog. Laert. den Charakter der pythagoräischen Philosophie so offenkundig an sich trägt. Allein es könnte immerhin der Fall sein, dass auch diese philosophische Theorie, wie es ja bei andern in der That der Fall war, die Pythagoräer auf die Auffindung verwandter geometrischer Wahrheiten geführt hätte; doch sind nicht die geringsten Indicien für die Annahme vorhanden, dass schon zu jener Zeit die Lehre von der Isoperimetrie bekannt gewesen wäre.

Ein anderes Verdienst erwarb sich Pythagoras um die mathematische Theorie der Musik. Er soll nach Jamblichos und Andern, das Gesetz gefunden haben, dass die Höhe des Tones einer Saite umgekehrt proportional ist ihrer Länge und zwar, indem er bei einer Schmiede vorbeiging, aus welcher ihm verschieden hohe Töne fallender Hämmer entgegenschallten. Die Musik erfreute sich in der pythagoräischen Schule einer hohen Achtung, und sie konnte daher nicht verfehlen, einen grossen Einfluss auf ihr philosophisches System auszuüben. Sie setzten die Abstände der 10 Sphären, in denen sich die Himmelskörper bewegten, in Beziehung zu den Intervallen der Tonleiter und in dieser Relation sahen sie den Urquell aller Harmonie. Diess ist die pythagoräische Sphärenmusik — Auf die weitere Entwicklung der Musik einzugehen, ist nicht der Zweck meines Buches; doch werde ich an geeigneter Stelle verschiedene Schriften berühmter Männer musikalischen Inhaltes erwähnen.

Wir verlassen Pythagoras, um die Entwicklung der Geometrie unter seinen Schülern bis auf Platon zu verfolgen.

Obgleich uns nur wenige Namen von hervorragenden Förderern dieser Wissenschaft während jener Zeit bekannt sind, so tritt doch der Charakter derselben deutlicher hervor als in irgend einer frühern Periode. Der Grund hiefür liegt in der Centralisation aller wissenschaftlichen Kräfte auf die Lösung dreier Probleme, die das ganze Alterthum hindurch die Aufmerksamkeit der grössten Geometer auf sich gelenkt haben: die Theilung eines Winkels in mehr als 2 gleiche Theile, die Verdoppelung des Würfels und die Quadratur des Kreises. Es stehen diese Aufgaben im nächsten Zusammenhang mit den Fortschritten und Bestrebungen der vorhergehenden Zeit, mit der Lehre von den Proportionen und den Flächenverwandlungen. Man suchte jene Sätze über ebene geradlinige Figuren auch auf den Kreis und auf die Gebilde des Raumes auszudehnen, stiess aber dabei auf so bedeutende Schwierigkeiten, dass, wie gesagt, nur einige hervorragende Männer sich an die Beschäftigung mit diesen Problemen wagten und dieselben daher eine geraume Zeit zu ihrer vollständigen Entwicklung bedurften.

Proklos nennt uns in seinem Commentar zum Euklid den Mathematiker Hippias von Elis, einen Zeitgenossen des Sokrates, als den Erfinder einer Curve, durch welche die Drei- und Mehrtheilung eines Winkels ermöglicht werde. Es ist diess die sogen. Quadratrix, eine transcendente Curve. Dieselbe wurde später von Dinostratos und Andern zur Quadratur des Kreises angewendet, weshalb sie auch oft die Quadratrix des Dinostratos genannt wird. Pappos hat uns in seinen coll. math. lib. IV. die Entstehung und Construction derselben aufbewahrt, die ich hier kurz wiedergeben werde:

In ein Qudrat $ABCD$ sei aus der einen Ecke A mit dem Halbmesser AD ein Quadrant DEB beschrieben. In der nämlichen Zeit nun, während welcher der Radius AE mit gleichförmiger Geschwindigkeit aus der Lage AB in die Lage AD übergeht, bewege sich die Gerade BC sich selbst parallel und ebenfalls mit constanter Geschwindigkeit nach AD. Der Ort des Durchschnittes dieser Geraden mit dem Halbmesser bildet nun eine Curve, die Quadratrix genannt.

Es ist leicht einzusehen, dass, diese Curve einmal construirt, durch Eintheilung der Geraden AB jede entsprechende Eintheilung des Quadranten BED sofort erhalten wird. Die Curve aber lässt sich natürlich nur durch Construction und stetige Verbindung einer hinreichenden Anzahl Punkte derselben herstellen.

Es ist nicht zu verkennen, dass diese Lösung des Hippias die einfachste und die der Natur der Aufgabe am nächsten stehende ist und dass sie gerade wegen dieser Eigenschaften selbst über die scharfsinnigsten Lösungen, die das Alterthum von diesem Probleme gegeben hat, zu stellen ist. Von Hippias ist uns nur diese einzige Leistung bekannt.

Hippokrates von Chios, nicht zu verwechseln mit dem berühmten Arzt gleichen Namens von Kos, ist unstreitig der grösste Geometer von Pythagoras bis auf Platon. Das Problem der Verdoppelung des Würfels, wie dasjenige der Quadratur des Kreises verdanken ihm bedeutende Reductionen und Fortschritte. Er war ursprünglich Kaufmann, widmete sich dann aber während einem Aufenthalt in Athen gänzlich den mathematischen Studien. Seine Blüthe fällt in die Zeit um 440 v. Chr. Was seine Verdienste um die Verdoppelung des Würfels anbetrifft, so wissen wir darüber nichts näheres, als was uns Proklos in seinem Commentar zum Euklid berichtet, dass er dieselbe auf die Aufgabe zurückgeführt habe, zu zwei gegebenen Geraden zwei mittlere Proportionale zu finden. Wir werden später die Erfolge betrachten, die dieses Problem auf Grund dieser Reduction durch die Geometer der platonischen Schule erlangt hat. Dass Hippokrates sich an der weitern Lösung desselben versucht habe, wird uns nicht berichtet.

Seine Hauptbeschäftigung war die Aufsuchung der Quadratur des Kreises. Es wäre keineswegs am Platze, auf die Versuche des Alterthums über dieses Problem die nämliche Verachtung zu werfen, wie wir dieses in Rücksicht auf die entsprechenden Bestrebungen des Mittelalters und sogar der neuern Zeit mit Recht thun. Denn bevor die Irrationalität des Verhältnisses von Umfang und Durchmesser entdeckt war, war die Quadrirung des Kreises ein nach der systematischen Entwicklung der Mathematik folgerichtig sich darbietendes Problem; wie jene gefunden war, handelte es sich bei den griechischen Mathematikern darum, eine wenigstens theoretisch richtige Construction zu finden, nach welcher die Fläche oder der Umfang des Kreises so genau als möglich dargestellt werden konnte. Dass hiebei eine vollständige Identität unmöglich war, wussten sie wohl, und wenigen Griechen kam es in den Sinn, ein rationales Verhältniss zwischen Umkreis und Durchmesser suchen zu wollen.

Was uns von den Bemühungen des Hippokrates in dieser Richtung bekannt ist, haben wir aus dem schon genannten Commentar des Simplikios zu des Aristoteles physica ausc., wo uns ein ziemlich umfangreiches Excerpt aus des Eudemos Geschichte der Mathematik aufbewahrt worden ist, das uns einen bedeutenden Blick in die Kenntnisse jener Zeit werfen lässt. Daraus erfahren wir, dass Hippokrates durch seine Quadratur des über der Quadratseite stehenden Mondes oder der bekannten lunula Hippocratis*) auf die Aufsuchung der Quadratur des Kreises geführt worden sein soll. Simplikios folgt nun zuerst der Angabe des Alexandros Aphrodisias, nach welchem Hippokrates vermittelst der Monde über der eingeschriebenen Sechseckssseite die Quadratur des Kreises gefunden zu haben glaubte, dabei aber den Fehlschluss beging, dass er diesen Mond über die Sechseckseite ohne weiters als quadrirbar voraussetzte, was er doch nur von demjenigen über der Viereckseite bewiesen hatte. Denn wäre jener Mond über der regelmässigen Sechseckseite quadrirbar, so wäre allerdings die Fläche des Kreises auf diejenige einer geradlinigen Figur zurückzuführen. Nun aber berichtet Eudemos in seiner Geschichte der Geometrie, wie Simplikios angibt, Hippokrates habe nicht nur den Mond über der Viereckseite quadrirt, sondern auch solche Monde in seine Untersuchung gezogen, deren äusserer Bogen grösser oder kleiner als ein Halbkreis ist, was den Hippokrates von jener Anklage eines Fehlschlusses wiederum zu reinigen scheint, indem wir daraus ersehen, dass er die Quadratur des Kreises in der That abhängig machte von der erst noch zu findenden Quadratur des Mondes über der Sechseckseite. Auch geben uns die beiden von Simplikios angeführten Constructionen von Monden, deren äusserer Bogen grösser und kleiner als der Halb-

---

*) lunula (gr. μηνίσκος) nannte man die durch 2 sich schneidende Kreisbogen gebildete sichelförmige Figur.

kreis, einen zu vortheilhaften Begriff von dem geometrischen Wissen des Hippokrates, als dass wir ihn eines solch' groben Irrthums fähig halten könnten. Diese für die damalige Zeit wirklich scharfsinnig ausgeführten Probleme geben uns nun ein ziemlich deutliches Bild von dem Zustand und der Behandlungsweise der Geometrie in jener Periode. Aus der Betrachtung derselben ergibt sich, dass Hippokrates mit den hauptsächlichsten Sätzen über den Kreis vertraut gewesen sein muss, wie z. B. dass Kreisflächen sich verhalten wie die Quadrate ihrer Durchmesser, dass Segmente grösser als der Halbkreis spitze, kleiner als der Halbkreis stumpfe Winkel umfassen, dass ähnliche Segmente gleiche Winkel umfassen und sich verhalten wie die Quadrate ihrer Sehnen. Diese Sätze werden von Eudemos speziell als des Hippokrates eigenthümliche Erfindung hingestellt. Bretschneider möchte ihm aber nur die beiden Sätze über das Verhältniss von Kreisfläche und Segment zu Durchmesser und Sehne zuweisen, denjenigen dagegen, dass ähnliche Segmente gleiche Winkel umfassen, und auch die Kenntniss von der Beziehung zwischen Peripherie- und Centriwinkel ihm abstreiten. Er schliesst dies besonders in Beziehung auf den letzten Satz daraus, dass derselbe in der ganzen Auseinandersetzung des Hippokrates nicht angewendet wird und gerade da nicht, wo er sehr zur Vereinfachung des Beweises beigetragen hätte. Allein dieser Grund scheint mir nicht genügend. Denn an und für sich schon setzt der Beweis dieses Satzes nur die primitivsten Kenntnisse der Planimetrie über das gleichschenklige Dreieck und die Aussenwinkel eines Dreiecks voraus, so dass dessen Erfindung nicht leicht später gesetzt werden kann als die Aehnlichkeitssätze, die ja Hippokrates, wie wir sehen, schon auf Kreis und Kreissegmente ausgedehnt hatte. Dass derselbe in den betroffenden Beweisführungen des griechischen Mathematikers nicht angewandt wird, könnte seinen Grund in der enormen Weitschweifigkeit haben, welche jener in seine Entwicklung gelegt hat, und die selten nahe liegende Hülfssätze zur Anwendung kommen lässt, sondern durch die ganze Entwicklung hindurch mit den elementarsten Theoremen operirt. Diese Erscheinung erklärt sich aus zwei Umständen: erstens aus dem durchgängigen Bestreben der griechischen Mathematiker nach vollkommener Präcision und Klarheit in den mathematischen Deductionen, und zweitens aus dem Mangel eines organisch geordneten Lehrbuches der Elemente zu jener Zeit. Vereinzelt und unzusammenhängend folgten sich Erfindung auf Erfindung, ohne geordnet und niedergeschrieben zu werden; so lagen die Sätze wohl im Kopfe des geübten Mathematikers, dem weniger Eingeweihten aber waren sie nicht so geläufig und um solchen die mathematischen Demonstrationen augenscheinlicher und verständlicher zu machen, war es nothwendig, zu den mehr elementaren, bekannteren Sätzen seine Zuflucht zu nehmen, woraus natürlich eine grössere Weitschweifigkeit resultirte.

Das Excerpt des Simplikios macht uns noch mit einem andern Geometer jener Zeit bekannt, der sich ebenfalls mit der Quadratur des Kreises beschäftigt hat. Antiphon, ein Zeitgenosse des Sokrates, versuchte dieses Problem mit Hülfe der eingeschriebenen regelmässigen Vielecke zu lösen, indem er von der Ansicht ausging, wenn man die Seitenzahl fortwährend verdopple, so werde man zuletzt auf ein Vieleck kommen, dessen Seiten mit den zugehörigen Kreisbogen zusammenfallen würden. Allein schon Aristoteles und Andere machten auf den Fehler aufmerksam, den Antiphon hiebei begangen, indem er durch Annahme eines letzten Vieleckes die vorausgesetzte Theilung in's Unendliche aufgehoben habe. Doch gehört dem Antiphon das Verdienst, zuerst den wahren Weg betreten zu haben; erst dem grossen Archimedes war es vergönnt, das richtige Endziel desselben zu entdecken.

Johannes Philoponos berichtet uns von den Bemühungen des Sophisten **Bryson** um die Lösung des nämlichen Problems. Dieser glaubte durch gehörige Fortsetzung der Verdoppelung der Seitenzahl des ein- und umgeschriebenen Vieleckes zuletzt auf zwei solche zu gelangen, zwischen denen der Kreis das arithmetische Mittel sei.

So viel über die hauptsächlichsten Geometer und ihre wissenschaftlichen Leistungen von Pythagoras bis auf Platon. Es bleibt mir nun noch übrig, einen kurzen Blick zu werfen auf die astronomisch-naturphilosophischen Lehren der italischen Schule.

Das innerste Wesen der pythagoräischen Philosophie war wohl geeignet, den Wundern des gestirnten Himmels eine tiefere Aufmerksamkeit zu Theil werden zu lassen. Ihre mysteriöse Tendenz zur rein abstractiven Betrachtung der Dinge übte auch einen gewaltigen Einfluss auf die Erklärung der Erscheinungen der Natur. So haben sie, wie wir sahen, die Intervalle der Tonleiter verknüpft mit den Abständen der himmlischen Sphären; so haben sie die Elemente der physischen Welt in Verbindung gebracht mit den Formen der regulären Körper; so haben sie überhaupt Zahlen- und Formenverhältnisse den Gesetzen der Natur anzupassen versucht. Ihr Supernaturalismus und ihre damit verbundene Geringschätzung alles Reellen, der Erde und ihrer Geschöpfe, konnte sich nicht vertragen mit den althergebrachten Ansichten über die Bewegung und die Rangordnung der Himmelskörper. Sie stellten deshalb ein neues Weltsystem auf, welches der Erde eine bescheidenere Stellung zuwies. Anstatt diese in den Mittelpunkt des Weltalls zu versetzen und alle übrigen Himmelskörper sich um dieselbe bewegen zu lassen, nahmen sie ein sog. Centralfeuer an, um das sich in den harmonischen Sphärenabständen Mond, Erde, Sonne, die Planeten und die Fixsterne drehten. Den Pythagoräern gebührt also der Ruhm, zuerst die Bewegung der Erde gelehrt zu haben. **Philolaos** von Croton ist nach des Diog. Laërt und Andern Zeugniss der erste, der diese neue pythagoräische Lehre in seinen Schriften vertheidigte; ihm folgten **Archytas** von Tarent und später Aristarch von Samos.

Auch die Bewegung der Erde um ihre Axe wurde von den Pythagoräern gelehrt und später von **Heraklides** von Pontus, einem Schüler des Platon und Aristoteles, und von **Hiketas** von Syrakus vertheidigt. Wenn auch diese neuen Lehren keineswegs aus einer genaueren Beobachtung der Erscheinungen, besonders der so auffallenden unregelmässigen Bewegung der Planeten entsprangen, sondern eben der unmittelbare Ausfluss der philosophischen Spekulation waren, so werden sie immerhin als die erste Erkenntniss der Wahrheit gelten, die, nachdem sie beinahe zwei Jahrtausende lang verkannt geblieben, erst durch Copernikus' Genius zur dauernden Anerkennung erhoben wurde.

Uebrigens verfehlten schon im Alterthum diese pythagoräischen Lehren ihren guten Einfluss nicht. An Stelle des ideellen Centralfeuers setzte die nüchterne Auffassung bald die Sonne; dieser gab man eine neue Bewegung um ein anderes Centrum und indem man auch die Fixsterne als Mittelpunkte von Sonnensystemen annahm, lehrte man bereits die Vielheit der Welten. Der namhafteste Anhänger des wahren Systems war Aristarch von Samos, auf dessen wissenschaftliche Leistungen wir später zu sprechen kommen. Er war aber auch zugleich der letzte. Vor der geistigen Grösse eines Hipparch und Ptolomäos trat jede andere Meinung scheu zurück und so regierte denn des letzteren Weltsystem unangefochten bis auf Copernikus.

Die Betrachtung der Entwicklung der Astronomie unter der jonischen und pythagoräischen Schule zeigt uns keine hervorragenden wissenschaftlichen Fortschritte; die Bemühungen der Gelehrten concentrirten sich hauptsächlich auf die philosophische Erklärung der Erscheinungen, auf die Aufstellung bestimmter Systeme. Das praktische reelle Ziel der Astronomie wurde unnützen Speculationen hintangesetzt;

die Wissenschaft konnte sich nicht frei bewegen unter dem Drucke verschwommener philosophischer Ideen und Untersuchungen. Erst als um die Mitte des 5. Jahrhunderts v. Chr. sich das Bedürfniss zur Regelung der Zeitrechnung fühlbar machte, nahm die Behandlungsweise der Astronomie eine andere Richtung.

Die Griechen hatten in den ältesten Zeiten, wie die Juden und Araber, ihre Zeitrechnung nach dem Laufe des Mondes eingerichtet, d. h. nach Mondmonaten gerechnet, die sie aber nach und nach mit dem Laufe der Sonne in Einklang zu setzen versuchten. Zwölf Monate, aus denen sie anfänglich das Jahr zusammensetzten, genügten nicht; man bildete daher, indem man das Jahr zu 12½ Mondumläufen annahm, eine Periode von zwei Jahren, nach deren Verfluss man einen Monat einschob. Allein je genauer die Bestimmungen der Umlaufszeiten der Sonne und des Mondes wurden, desto fühlbarer zeigte sich das Bedürfniss zur Verbesserung. Solon setzte um's Jahr 600 v. Chr. das Jahr zu 12 abwechselnd vollen und leeren Monaten fest; die vollen hatten 30, die leeren 29 Tage. Um dieses Jahr, das also nur 354 ᵈ hatte, mit dem Sonnenjahr in Uebereinstimmung zu bringen, nahm man eine Periode von 8 Jahren an, während welcher man 3 Mal, je im 3., 5. und 8. Jahr einen vollen Monat einschob. Diess machte also 2922 ᵈ auf 99 Monate, so dass das Jahr 365¼ ᵈ, der Monat ungefähr 29½ ᵈ erhielt. Der Fehler betrug hier etwa 1½ ᵈ in 8 Jahren, was sehr bald fühlbar wurde. Im Jahr 433 v. Chr. instituirten sodann die Astronomen **Meton** und **Euktemon** den sog. **Meton'schen Cyklus**. Dieser bestand aus 19 Jahren, von denen 12 nur 12, die andern 7 aber 13 Monate enthielten, was im Ganzen 235 Monate ausmachte, worunter sich 125 volle und 110 leere befanden. Die 7 Schaltjahre, die 13 Monate enthielten, waren das 3., 6., 8., 11., 14., 17. und 19. Diese 19 Jahre oder 235 Monate machen 6940 Tage aus, d. h. ungefähr 10 Stunden zu viel als 19 Sonnenjahre, und 8 Stunden zu viel als 235 Mondumläufe. Wir sehen also, dass der Unterschied zwischen dem Mond- und Sonnenlauf nur etwa 2 Stunden beträgt, derjenige aber zwischen dem richtigen Sonnenjahr und diesem Meton'schen in 48 Jahren etwa einen Fehler von einem Tage ausmacht; immerhin eine für jene Zeit ausgezeichnete Genauigkeit. Der Astronom **Kalippos** versuchte im Jahr 331 v. Chr. auch die Fehler dieser Zeitrechnung zu heben durch Einführung der nach ihm benannten Periode von 76 = 4.19 Jahren, indem er nach Ablauf dieser Zeit, während welcher der Fehler in Bezug auf die Mondumläufe auf ungefähr einen Tag angewachsen war, einen Tag wegliess. Diese Kalipp'sche Periode erzeugte in Rücksicht auf die Bewegung des Mondes in 304 Jahren, in Rücksicht auf die der Sonne in 152 Jahren einen Fehler von einem Tag.

Diese Zeitrechnung, die, wie wir sehen, mehr dem Mondlaufe als dem der Sonne angepasst war, blieb bis auf Julius Cäsar in Kraft, der dann durch die Einführung des Julianischen Calenders der Methode der Aegypter, das Jahr nach der Sonne einzurichten, Geltung verschaffte. — Wir haben von den Astronomen Meton und Euktemon die erste Beobachtung eines astronomischen Phänomens, des Sommersolstitiums vom Jahr 432 v. Chr., wie uns Ptolemäos in seinem Almagest berichtet, der übrigens die beiden Astronomen noch bei mehrern andern Gelegenheiten rühmend erwähnt.

Wir haben noch einige Philosophen der pythagoräischen Schule in den Kreis unserer Betrachtung zu ziehen, deren naturphilosophische Lehren berücksichtigt zu werden verdienen. **Empedokles** von Agrigentum auf Sicilien, der im Anfang des 5. Jahrhunderts v. Chr. lebte, hat verschiedene mathematische Schriften verfasst, deren wichtigste über die Physik handelt; Aristoteles führt daraus mehrere Stellen an. Seine oft dunklen, geheimnissvollen Theorien, die er zum Ueberfluss noch in Versen niederschrieb, haben ältern und neuern Gelehrten bedeutenden Stoff zu bizarren Vermuthungen gegeben. So glaubten einige in seiner Lehre von der Anziehung und Abstossung der Weltkörper, oder wie sich Empedokles ausdrückt, der Freundschaft und der Zwietracht der Elemente, unsere Schwerkraft und Centrifugalkraft zu finden und schrieben daher dem Empedokles die Kenntniss von den Ursachen der Bewegung der Himmelskörper zu. Ein solcher Schluss ist in der That zu gewagt und geradezu unbegreiflich, wenn man die Verse berücksichtigt, die Empedokles zur Erläuterung seines Bildes hinzusetzt und die uns deutlich zeigen, was er damit meinte. Seine Lehre ist nämlich keine andere, als die im Alterthum allgemein angenommene, von Aristoteles besonders vertheidigte, von der Concentration alles Schweren in's Centrum der Welt, des Leichten dagegen nach dem Umfange hin. So lieben sich Erde und Wasser gegenseitig, Erde und Feuer aber hassen sich u. s. w. Auch auf die Speculationen eines Timäos von Locri, die uns Platon in seinem Dialog gleichen Namens aufbewahrt hat, suchte man das grossartigste und erhabenste Prinzip der Mechanik des Himmels zu basiren, allein mit ebenso wenig Berechtigung.

Wir kommen auf einen der berühmtesten Philosophen Griechenlands, auf **Demokritos** von Abdera. Diogenes Laertios führt von ihm verschiedene Schriften geometrischen Inhalts an; allein da wir bloss die Titel derselben kennen, so können wir nicht über seine Verdienste urtheilen. Er schrieb über die Berührung der Kreise und Kugeln, über die Irrationallinien und über die regelmässigen Körper. Auch die Perspective und die Optik sollen ihm einige Erfindungen verdanken. Berühmter aber ist die durch ihn und seinen Vorgänger **Leukippos** aufgestellte Atomentheorie, die zwar im Alterthum keinen grossen Anhang gefunden, immerhin aber dem pythagoräisch platonischen Spiritualismus jenen Materialismus gegenüber gestellt hat, der, damals noch zu schwach, in neuerer Zeit mit gewaltiger Kraft wiederum hervorgetreten ist. Nach dieser Atomentheorie besteht die ganze Welt aus Collectionen von einfachen, unzertheilbaren, unendlich kleinen Körperchen derselben Art, die durch die verschiedenartigsten Zusammenstellungen und Bewegungen alle Körper der Natur erzeugen. Davon leitet er die Bewegungen der Planeten und der übrigen Himmelskörper ab und stellt so jenes Weltsystem auf, das uns Lucretius in seinem Buch: „De rerum natura" aufbewahrt hat. Auch die Seele des Menschen ist nach ihm materieller Natur und zerfällt beim Tode wie der Körper in die ewig unzerstörbaren Atome. Einige andere ausgezeichnete physikalische Theorien rühren von Demokritos her. So lehrt er z. B., dass alle Körper im leeren Raum mit der gleichen Geschwindigkeit fallen würden, wenn er sagt (Lucret. Lib. II. 238):

„*Omnia quapropter debent per inane quietum*
„*aeque ponderibus non aequis concita ferri.*"

ferner, dass das geringere Gewicht bei grösseren Volumen von einer grösseren Anzahl leerer Räume (Poren) herkomme, (Lib. I. 364 . . .).

„*ergo quod magnumst aeque leviusque videtur,*
„*nimirum, plus esse sibi declarat inanis,*" etc.

dass das Licht durch das Ausströmen kleiner Körperchen aus dem leuchtenden Gegenstande erzeugt werde, (Lib. V, 281—305):

— — — — —

„*Sic igitur solem lunam stellasque putandumst*
„*ex alio atque alio lucem jactare suborta*
„*et primum quicquid flammarum perdere semper;*
„*inviolabilia haec ne credas forte vigere.*"

Alles Sätze, die theils heutzutage noch als wahr erkannt worden, theils vor kurzem noch berühmte Männer zu ihren Anhängern zählten. — Die epikuräische, ja selbst die ihr in den Grundsätzen des menschlichen Lebens so schroff gegenüberstehende stoische Philosophie haben die meisten der demokritischen Dogmen, besonders die Atomentheorie adoptirt; allein sie verlor bei diesen, mehr die ethische Seite der Philosophie pflegenden Sekten die wissenschaftliche Bedeutung, die ihr einst ihr Gründer beigelegt und vermochte daher der Alles beherrschenden aristotelischen Naturphilosophie keineswegs eine kräftige Opposition entgegenzustellen. Dem Demokritos aber gebührt der Ruhm, unter allen Philosophen des Alterthums die klarsten Vorstellungen von dem Wesen und den Erscheinungen der Natur sich gebildet und den physischen Wissenschaften ein System zur Grundlage gelegt zu haben, auf das heutzutage die grössten Naturforscher ihre genialen Lehren und Erfindungen bauen, den Materialismus.

Bevor wir zu Platon und Aristoteles übergehen, mit denen eine neue Aera für die Mathematik und die Naturwissenschaften beginnt, wollen wir einen kurzen Rückblick auf die Errungenschaften der verflossenen zwei Jahrhunderte werfen.

Der Hauptcharacter dieser Periode ist die Isolirtheit der einzelnen Erfindungen und Fortschritte und der daraus hervorgehende Mangel jedes systematischen Zusammenhanges in der Entwicklung der Wissenschaften, das Fehlen einer allgemein anerkannten Methode in den abstracten, eines bestimmten Systems in den angewandten Disciplinen. Die Mathematiker jener Zeit waren in Folge ihrer philosophischen Ansichten zu weit auseinander gerissen, ihre Ideen und Schlüsse gingen zu verschiedene Wege, als dass es damals schon möglich gewesen wäre, das gesammte Gebiet der Wissenschaften von einem Gesichtspunkt aus und nach der nämlichen Methode zu behandeln. Erst als die philosophischen Schulen sich mehr näherten, als Platon und Aristoteles das vielseitig zerstreute Material sammelten und zu einem geordneten Ganzen zusammenstellten, erst da war es möglich, jeder Wissenschaft einen einheitlichen Plan zu Grunde zu legen. Daher denn auch aus dieser Zeit kein organisch geordnetes Lehrbuch des mathematischen Wissens auf uns gekommen ist. Hippokrates soll das erste verfasst haben, das aber leider verloren gegangen ist. Dieser Umstand erschwert uns in hohem Maasse den Gesammtüberblick über die mathematischen Leistungen von Thales bis auf Platon; was wir aus den wenigen, zum Theil noch zweifelhaften historischen Angaben der griechischen Schriftsteller wissen, lässt uns bloss einen Schluss ziehen auf den Höhepunkt der Wissenschaft am Ende der fraglichen Periode; das System aber, das dabei befolgt wurde, und die Form der Darstellung bleibt uns verschlossen. Wenn wir auch im Allgemeinen darüber ohne Zweifel sind, dass die ältesten Mathematiker bei ihren Beweisen und Problemen sich der synthetischen Methode bedient haben, so müssen wir immerhin annehmen, dass die Mathematiker selbst des Wesens derselben sich keineswegs recht klar bewusst waren und dieses erst dann ausgeprägter hervortrat, als Platon und seine Schüler im Gegensatz zur alten Methode die analytische in Aufnahme brachten. — Dass wir die Planimetrie zur Zeit des Hippokrates zu einem nahezu vollständigen Abschluss gelangt annehmen dürfen, ergibt sich mit ziemlicher Gewissheit aus dem Excerpt des Simplikios aus des Eudemos Geschichte der Geometrie. Was die Stereometrie anbetrifft, so sind ihre Fortschritte nur sehr gering und dürfen wir dieselben nicht weit über die Bekanntschaft mit den fünf regulären Körpern hinausgehen lassen, was wir grösstentheils den Aegyptern schon zuschreiben müssen. Auch die Arithmetik erhob sich nicht weit über die pythagoräischen Zahlenspeculationen, übrigens ist ihre erste Entwicklung dunkler als die irgend eines andern Gebietes der mathematischen Wissenschaften. Die Astronomie bewegte sich leider fast ausschliesslich auf dem Boden der philosophischen Spekulation. Die Aufstellung von Weltsystemen und die Untersuchung über das Wesen der

Himmelskörper war das einzige Ziel der jonischen und pythagoräischen Philosophen; der eigentliche Zweck der Astronomie auf Grund einer rationellen Beobachtung der Erscheinungen war ihnen noch fremd und datirt erst von den Bemühungen eines Meton und Euktemon um Regulirung der Zeitrechnung an.

Die grossartigen Fortschritte der Mathematik unter Platon und seinen Nachfolgern liegen in dem Wesen der platonischen Philosophie begründet. Die ideale Tendenz ihrer Lehren war der besondern Beachtung der abstracten Wissenschaften günstig. So lange das Studium der Mathematik darauf ausging, zur reinen Erkenntniss der höchsten Prinzipien der Wissenschaften zu führen, so lange war sie dem grossen Philosophen lieb und werth und die Grundlage jedes andern Wissens; sowie sie aber mit dem Sinnlichen sich verband, wie sie den Zielen und Bestrebungen des practischen Lebens dienen sollte, vernachbeute er sie. Daher sehen wir auch unter den ersten Platonikern bei aller Höhe der reinen Mathematik die angewandten Wissenschaften, insofern sie auf Beobachtung der Natur sich stützten, vernachlässigt. Die Astronomie z. B. fand bei ihnen nur insoweit Anerkennung, als sie der philosophischen Speculation sich unterbreiten liess. Hören wir darüber Platon's eigene Worte; er sagt: „Die wahren Astronomen rechne ich daher allerdings zu den weisen Männern, aber nicht die, welche wie Hesiod und alle andern ihm gleichen Astronomikaster (so übersetzt Littrow das griechische ἀστρονομοῦντι,) diese Wissenschaft dadurch betreiben wollen, dass sie den Auf- und Untergang der Gestirne und dergleichen mehr beobachten, sondern vielmehr diejenigen, welche die acht Sphären des Himmels und die grosse Harmonie des Weltalls erforschen, was allein dem Geiste des

von den Göttern erleuchteten Menschen angemessen und
würdig ist." Desto mehr, wie gesagt, wurden die abstracten Wissenschaften geachtet. Die Mathematik steht bei
Platon in der Mitte zwischen der richtigen Meinung und
der Philosophie und erscheint ihm als eine nothwendige
Stufe, ohne welche Niemand zur Philosophie gelangen
könne. Daher nennt sie auch Platon Erkenntniss ($\delta\iota\acute{\alpha}\nu o\iota\alpha$),
welche klarer sei als die Meinung, aber dunkler als die
höchste Stufe, als das Ideal der Philosophie. Es versteht
sich daher von selbst, dass Platon die Mathematik zur
Grundlage des philosophischen Unterrichts machte, dass er
von seinen Vorlesungen diejenigen ausschloss, die nichts
von Geometrie verstanden: daher die berühmte Ueberschrift
über dem Eingang der Akademie: „$M\eta\delta\epsilon\grave{\iota}\varsigma\ \dot{\alpha}\gamma\epsilon\omega\mu\acute{\epsilon}\tau\rho\eta\tau o\varsigma$
$\epsilon\grave{\iota}\sigma\acute{\iota}\tau\omega\ \mu o\tilde{v}\ \tau\grave{\eta}\nu\ \sigma\tau\acute{\epsilon}\gamma\eta\nu$" — Kein der Geometrie Unkundiger trete in mein Haus. — So schickte auch Platon's
Nachfolger Xenokrates einen Besucher seiner Vorlesungen, der keine Vorbildung in Arithmetik und Geometrie
hatte, mit den bekannten Worten fort: „$\pi o\rho\epsilon\acute{v}o v,\ \lambda\alpha\beta\grave{\alpha}\varsigma$
$\gamma\grave{\alpha}\rho\ o\grave{v}\varkappa\ \check{\epsilon}\chi\epsilon\iota\varsigma\ \varphi\iota\lambda o\sigma o\varphi\acute{\iota}\alpha\varsigma$" — Geh' fort, denn du hast
nicht das Zeug (eig. die Handhaben) zur Philosophie. —
Von Platon an datirt also der Ruhm, den die reine Mathematik als Bilderin des Verstandes und der Urtheilskraft
zu allen Zeiten genossen hat. Ihm gegenüber steht Aristoteles als der Begründer der beobachtenden Naturforschung und damit der Blüthe der angewandten Wissenschaft.

Platon wurde um's Jahr 430 v. Chr. zu Athen geboren. Schon früh widmete er sich dem Studium der pythagoräischen Philosophie und der Atomisten, wurde dann
mit Sokrates bekannt und blieb bis zu dessen Tod sein
treuester Schüler. Auch hat er im grossen Ganzen in seinen Schriften seines Lehrers Philosophie nur ergänzt und
weiter ausgebildet, wenn auch viele seiner Ansichten nicht
mit denen des Sokrates harmoniren, ja oft gerade das Ge-

gentheil derselben sind. So verwirft letzterer in den mathematischen Wissenschaften Alles als unnütz und schädlich, was nicht unmittelbar bei den Geschäften des gemeinen Lebens mit Vortheil benutzt werden kann, während Platon, wie wir gesehen, gerade dieses verschmäht und den Wissenschaften einen rein idealen Zweck zuschreiben will. Nach dem Tode des Sokrates machte Platon mehrere grössere Reisen, nach Aegypten, Sicilien etc., auf denen er mit vielen berühmten Männern jener Zeit bekannt wurde, so mit den Pythagoräern Philolaos und Timaeos in Italien und mit Theodoros von Kyrene. Nach seiner Rückkehr nach Athen gründete er die platonische Schule in der Akademie, die sich durch sein Vorbild und seine Aneiferung jene grossen Verdienste um die Mathematik erworben hat, auf deren Hauptsächlichste wir im Folgenden etwas näher eintreten wollen.

Die Zeit von Platon bis auf Euklides bietet uns des Interessanten in der Entwicklung der Mathematik so viel, dass wir es lebhaft bedauern müssen, auch für diese Periode nicht viel mehr Belege zu haben als für die vorhergehende. Proklos führt uns nur einige der bedeutendsten Mathematiker der platonischen Schule kurz an und auch aus des Eudemos Geschichte sind uns nur wenige unbedeutende Auszüge aufbewahrt worden. Wir besitzen daher nur ziemlich unvollständige Aufschlüsse über die drei grössten Verdienste der platonischen Mathematiker, die Einführung der analytischen Methode, die Erfindung der Kegelschnitte und die Lösung der drei berühmten alten Probleme, Quadratur des Kreises, Verdoppelung des Würfels und Trisection des Winkels, welche Fortschritte, abgesehen von einem systematischen Ausbau und Abschluss, das gesammte geometrische Wissen des Alterthums erschöpften.

Ausser einigen kleineren geometrischen Leistungen des Platon, wird letzterem hauptsächlich die Erfindung jener erfolgreichen analytischen Methode zugeschrieben, die wohl den grössten Theil zu der bald darauf erfolgten Entdeckung der Kegelschnitte beigetragen haben mag. Diog. Laert. und Proklos berichten, dass Platon diese Methode der Untersuchung für seinen Schüler Loodamas von Thasos eingeführt habe, der dadurch auf mehrere wichtige geometrische Sätze geführt worden sein soll. Wie Platon bei dieser neuen Beweisart eigentlich verfahren ist, können wir nicht mit Bestimmtheit sagen, da von ihm und selbst von seinen vielen Schülern keine zusammenhängenden geometrischen Schriften auf uns gekommen sind. Aus den Worten des Proklos und aus einigen Sätzen der Collect. math. des Pappos aber sehen wir, dass dieses neue platonische Beweisverfahren im gleichen Gegensatz zu dem synthetischen der ältern Geometer und des Euklid stand, den wir heutzutage noch zwischen der analytischen und synthetischen Methode festsetzen. Wie man in der leztern von schon bekannten Grund- und Lehrsätzen ausgeht, um durch eine gehörige organische Anwendung derselben endlich zum Beweise des vorgelegten Satzes zu gelangen, so denkt man sich in der ersteren das geometrische Gebilde in seiner Vollständigkeit vorgelegt und sucht so durch Reduction auf schon bewiesene Grundwahrheiten zu neuen Resultaten zu gelangen.

Die analytische Methode hat den grossen Vorzug vor der synthetischen, dass sie bei tiefer gehenden Forschungen, bei zusammengesezteren und schwierigeren Aufgaben mit grösserem Erfolge angewendet werden kann, dass sie öfters die Entdeckung neuer Sätze mit sich führt, die man nicht speziell gesucht hat, die mit der Sache nicht einmal in naher Beziehung stehen. Was Klarheit und Anschaulichkeit anbetrifft, so steht ihr die synthetische Methode keineswegs nach.

Die Alten kannten noch eine andere Beweisart, wahrscheinlich die älteste und unvollkommenste von Allen, die apagogische oder die *Reductio ad absurdum* genannt, welche darin besteht, dass man bloss zeigt, dass eine gemachte Annahme nicht falsch sein kann, daher wahr sein muss. Wir finden diese Methode sowohl bei den Geometern vor als auch nach Platon öfters angewendet.

Mit der Entdeckung dieser neuen analytischen Beweismethode steht wohl im nächsten Zusammenhang das Bestreben Platon's um eine wissenschaftlich genauere Definition der geometrischen Grundbegriffe, um einen logischeren und systematischeren Aufbau der gesammten Mathematik. Bis hieher lassen sich bedeutende Lücken wahrnehmen in der strengen Formulirung der Begriffe, in der methodischen Anordnung der Lehrsätze und Aufgaben; erst von Platon an beginnt das streng logische Denken seinen wohlthätigen Einfluss auszuüben auf eine folgerichtige Entwicklung der Wissenschaft, die dann in Euklid ihren vollendeten Höhepunkt erreichte.

Man verdankt Platon ebenfalls die Anregung zur weiteren Ausbildung der Stereometrie, die zu seiner Zeit noch bedeutend hinter den andern Theilen der Mathematik zurückstand. Besonders waren die Sätze über Cylinder, Pyramide und Kegel noch sehr wenig ausgebildet, die regulären Körper und die Kugel waren von den Pythagoräern einigermassen berücksichtigt worden, wenn auch sehr wenig in geometrischer Beziehung. Es sind nun wohl hauptsächlich die Untersuchungen über den Kegel, denen wir das grösste Verdienst der platonischen Schule, die Entdeckung der Kegelschnitte verdanken. — Von den Schriftstellern des Alterthums und der neuern Zeit wird diese Erfindung gemeiniglich dem **Menaechmos**, einem Schüler Platon's zugeschrieben. Nach des Proklos Angabe (*Comm. in Eukl.*) nannte Erathosthenes, wie auch Geminos, die aus dem Schnitt eines Kegels mit einer Ebene entstehenden drei Curven die Menaechmischen Triaden (Μεναιχμίους τριάδας). Eutokios hat uns nun aus der Geometrie des Geminos einen Auszug erhalten, woraus wir ersehen, wie Menaechmos sich diese Curven entstanden dachte und dieselben definirte. Die Griechen vor Apollonios kannten nur den geraden Kegel, gebildet durch die Umdrehung eines rechtwinkligen Dreiecks um eine seiner Katheten und unterschieden drei Arten desselben: den spitzwinkligen, den rechtwinkligen und den stumpfwinkligen Kegel, je nachdem der Winkel an der Spitze des erzeugenden Dreiecks $<$, $=$ oder $>$ 45⁰ war. Jeder dieser Kegel lieferte ihnen nun einen Kegelschnitt, indem sie bei allen drei Fällen die Schnittebene senkrecht zur Mantellinie stellten, und zwar der spitzwinklige Kegel die Ellipse, der rechtwinklige die Parabel, der stumpfwinklige die Hyperbel. Bis auf Apollonios aber kannte man diese Namen noch nicht, sondern nannte die Kegelschnitte ihrer Entstehung gemäss, den spitzwinkligen „ἡ τοῦ ὀξυγωνίου κώνου τομή", den rechtwinkligen „ἡ τοῦ ὀρθογωνίου κώνου τομή" und den stumpfwinkligen „ἡ τοῦ ἀμβλυγωνίου κώνου τομή", d. h. der Schnitt des spitz-, recht- oder stumpfwinkligen Kegels. Selbst Archimedes, in dessen Schriften allerdings schon der Name Ellipse vorkommt, führte die Entstehung dieser Schnitte noch auf drei Kegel zurück; erst dem grossen Geometer war es vergönnt zu zeigen, dass alle drei Schnitte an dem nämlichen Kegel entstehen können, je nach der Neigung der Schnittebene zur Mantellinie, ja dass sogar der schiefe Kegel wie der gerade die nämlichen Curven erzeuge.

So viel über diese menaechmische Definition der Kegelschnitte. Wie weit nun dieser Mathematiker in der Erkennung der Eigenschaften derselben gekommen ist, ist schwer zu entscheiden. Doch erfahren wir aus dem Zeugniss des Apollonios, dass seine vier ersten Bücher der Kegelschnitte ungefähr das enthalten, was vor ihm schon bekannt gewesen war. Nähern Aufschluss aber geben uns die beiden ausgezeichneten Lösungen des Problems der Verdoppelung des Würfels, die von Menaechmos gefunden und durch

Eutokios (*Comm. in lib. II. Archim. de sphaer. et. cyl.*) uns aufbewahrt worden sind.

Wie wir wissen, hatte Hippokrates dieses Problem auf die Auffindung zweier mittleren Proportionallinien zu zwei gegebenen Geraden zurückgeführt; Menaechmos löste nun diese Aufgabe mit Hülfe der Kegelschnitte auf zwei Arten, indem er bei der ersteren zwei Parabeln, bei der leztern eine Parabel und eine Hyperbel anwandte. Ich gebe im Folgenden die erste Lösung nach Eutokios:

BF u. BG (Fig. 2) seien die gegebenen Geraden auf zwei zu einander senkrecht stehenden Axen abgetragen. Man beschreibe über der Axe MD mit dem Parameter BG eine Parabel und ebenso über der Axe NA mit dem Parameter BF eine zweite Parabel. Diese beiden Curven schneiden sich in C. Man ziehe die zu den Axen parallelen Geraden CA und CD. Nach der Eigenschaft der Parabel verhält sich nun:

$$BF : AC = AC : AB \text{ und ebenso:}$$
$$BG : CD = CD : BD.$$

Hieraus folgt, da $AC = BD$ und $AB = CD$, die fortlaufende Proportion:

$$BF : AC = AC : CD = CD : BG, \text{ d. h.}$$

AC und CD sind die beiden gesuchten mittleren Proportionallinien zu BF und BG.

Die andere Lösung beruht auf dieser nämlichen Eigenschaft der Parabel und auf derjenigen der Hyperbel, dass das aus den Asymptoten und den von irgend einem Punkt der Hyperbel aus zu den lezteren gezogenen Parallelen gebildete Rechteck oder Parallelogramm konstant sei.

Diese menaechmischen Lösungen des Delischen Problems setzen schon eine ziemlich umfangreiche Kenntniss der Eigenschaften der Kegelschnitte voraus. Besonders zeigt uns die zweite Lösung, dass dem Menaechmos schon die Asymptoten der Hyperbel bekannt waren. Von Brennpunkt und Tangenten aber finden wir noch keine Spur. — Eratosthenes bemerkt an einer Stelle, dass Menaechmos zur Construction seiner Curven Instrumente gebraucht habe; wie dieselben aber beschaffen waren, gibt er nicht an. Platon löste übrigens schon vor Menaechmos das Problem der zwei mittleren Proportionallinien mit Hülfe eines Instrumentes, bestehend aus zwei Linealen, die sich zwischen den Rinnen zweier andern, senkrecht zu den erstern stehenden Linealen parallel zu einander verschieben liessen. Die Lösung beruhte alsdann auf der zweimaligen Anwendung des Satzes, dass die von der Spitze des rechtwinkligen Dreiecks auf die Hypotenuse gefällte Senkrechte die mittlere Proportionale ist zwischen den Abschnitten der Hypotenuse. Wir kommen später noch auf einige andere, nicht weniger interessante Lösungen dieses Problems zu sprechen.

Des Menaechmos Bruder und ebenfalls Schüler des Platon war der Mathematiker Dinostratos, bekannt durch seine Lösung der Kreisquadratur mit Hülfe der von Hippias zum Zwecke der Section des Winkels gefundenen Quadratrix. Pappos gibt uns (*Coll. math. Lib. IV.*) die Lösung des Dinostratos, welche darin besteht, dass in der Quadratrix (Fig. I.) sich verhält:

$$BED : AD = AD : AG,$$

woraus für den Kreisquadranten BED sich ergibt:

$$BED^2 = \frac{AD^3}{AG}$$

Es wäre also die Quadratur des Kreises möglich, wenn der Punkt G der Quadratrix geometrisch genau bestimmt werden könnte. Die Aufstellung obiger Proportion beruht auf dem Schlusse, dass, je mehr sich der Halbmesser AE der Lage AD nähert, desto mehr das Verhältniss $ED : FJ$ demjenigen von $AD : AG$ näher kommt.

Zu gleicher Zeit mit Platon und befreundet mit ihm lebte der Pythagoräer Archytas von Tarent. Von ihm berichtet Diog. Laërt. (*Lib. VIII.*), er habe zuerst die geometrischen Grundprinzipien auf die Behandlung der Mechanik angewendet, ebenso auch die Mechanik auf die Construction geometrischer Figuren; er habe auf diesem Wege durch den Schnitt des Halbcylinders zwei mittlere Proportionale zur Verdoppelung des Würfels gefunden; auch durch geometrische Betrachtungen soll er zuerst auf den Würfel geführt worden sein: „καὶ γεωμετρίᾳ πρῶτος κύβον εὗρεν."

Was die Gelehrten mit dieser letzteren Angabe des Diog. Laërt. anfangen sollen, ist den meisten unklar. Bretschneider kam sogar auf die Vermuthung, es möchte der Würfel zum Spiel gemeint sein. Mir scheint aber die Sache noch eine andere Erklärung zuzulassen. Wie Diog. Laërt. angibt, und was wir auch noch genauer durch Eutokios wissen, löste Archytas das Problem der zwei mittleren Proportionalen, oder der Verdoppelung des Würfels auf einem bis dahin ganz fremden Wege, mit Hülfe von Cylinderschnitten und der Bewegung oder Verschiebung der Figuren (καὶ πρῶτος κίνησιν ὀργανικὴν διαγράμματι γεωμετρικῷ προςήγαγε). Es könnte daher die letzte Behauptung des Diogenes wohl so interpretirt werden, dass Archytas noch auf einem anderen Wege, nämlich auf rein geometrischem, d. h. auf dem bisher üblichen, den Würfel, d. h. die Verdoppelung des Würfels gefunden habe. Allerdings ist uns über eine solche zweite Art der Lösung nichts bekannt; aber die auf uns gekommene Lösung des pythagoräischen Mathematikers wirft ein so vortheilhaftes Licht auf die geometrischen Talente desselben, dass wir ihm wohl noch bedeutende andere Leistungen in dieser Richtung vindiciren dürfen.

Wir führen jene in jeder Beziehung interessante und scharfsinnige Lösung des Archytas in Folgendem an, wie sie uns Eutokios (*Comm. in Arch. de sph. et. cyl. lib. II.*) aufbewahrt hat:

Es seien die beiden Geraden gegeben, zu denen die mittleren Proportionalen gefunden werden sollen. Um die grössere AD (Fig. 3) als Durchmesser beschreibe man einen Kreis, den ich hier in der Figur der grösseren Deutlichkeit halber verkürzt elliptisch zeichne. Dann trage man von A aus in den Kreis hinein die kürzere der gegebenen Geraden, AB ab und verlängere dieselbe bis zum Durchschnitt P mit der Tangente an D. Von B aus senkrecht auf den Durchmesser AD, also parallel zu PD ziehe man BF. Man errichte nun senkrecht auf dem Halbkreis ABD einen Halbcylinder und ebenso über dem Durchmesser AD, ebenfalls senkrecht zur Fläche des Kreises $ABDF$, einen Halbkreis, dessen Fläche daher in dem Parallelogramm des Halbcylinders liegt. Man drehe nun den Halbkreis, indem man seine senkrechte Stellung nicht verändert, um den Punkt A in die Lage AKD_1; er wird dann die Oberfläche des Halbcylinders in einem Punkte K schneiden, der bei der weiteren Drehung des Halbkreises irgend eine Curve auf der Cylinderfläche beschreibt. Ebenso drehe man das rechtwinklige Dreieck APD um den Durchmesser AD in entgegengesetzter Richtung zu der des Halbkreises, so wird seine Hypotenuse AP einen Kegelmantel beschreiben. Sie wird aber auch bei ihrer Drehung die Curve, die der Punkt K auf der Oberfläche des Halbcylinders beschreibt, in irgend einem Punkte treffen müssen, es sei dies in K. Man ziehe von K aus eine Senkrechte auf die Fläche des Kreises $ABDF$, sie wird natürlich die Peripherie des Kreises in J treffen, da K ja auf der Oberfläche des senkrechten Halbcylinders liegt. Man errichte ferner senkrecht auf der Fläche des Kreises $ABDF$, über BF als Durchmesser einen Halbkreis; der gemeinschaftliche Durchschnitt desselben mit dem Halbkreis AKD_1 sei MH, welcher natürlich senkrecht auf dem Durchmesser BF steht. Man ziehe noch KD_1 und MJ; dann ist das Rechteck aus BH und HF oder, was das gleiche ist, dasjenige aus AH und HJ gleich dem Quadrat über MH. Mithin ist das Dreieck AMJ ähnlich den Dreiecken AMH und MHJ und der Winkel AMJ also ein Rechter. Es ist aber auch der Winkel AKD_1

ein Rechter; mithin MJ parallel zu KD_1, und daher wegen der Aehnlichkeit der Dreiecke:

$$D_1A : AK = AK : AJ = AJ : AM.$$

Es sind aber $D_1A = AD$ und $AM = AB$ die beiden gegebenen Geraden; mithin AK und AJ die beiden gesuchten mittleren Proportionalen.

Diese Lösung des Archytas, verglichen mit denjenigen, die später durch Hülfe der Kegelschnitte vollzogen wurden, lässt uns den Gang der Entwicklung dieser Probleme ziemlich deutlich durchschauen. Bei Archytas tritt schon die Stereometrie in den Vordergrund, Cylinderschnitte und Durchdringung von Kegel und Cylinder werden zur Lösung angewendet, während erst durch Menaechmos die Schnitte des Kegels in den Kreis des geometrischen Wissens eingeführt wurden. Uebrigens muss man den Scharfsinn bewundern, den Archytas mit seinen geringeren Hülfsmitteln bei dieser Lösung zu Tage gelegt hat.

Ein Schüler des Archytas und Zeitgenosse Platons ist der Mathematiker **Eudoxos** von Knidos, dessen Blüthezeit um das Jahr 380 v. Chr. fällt. Von seinen zahlreichen geometrischen und astronomischen Schriften sind keine mehr vorhanden, dagegen sind uns viele vereinzelte Angaben über ihn von griechischen Schriftstellern und Mathematikern zugekommen. Sein Hauptverdienst sind die stereometrischen Entdeckungen, die ihm Archimedes in seinem Buch *de sphaer et cyl.* zuschreibt. Die Sätze, dass jede Pyramide der dritte Theil eines Prisma's von gleicher Grundfläche und gleicher Höhe sei; ebenso der analoge Satz über Kegel und Cylinder sollen des Eudoxos Erfindung sein. Auch mit dem Problem der Verdoppelung des Würfels soll er sich, wie Eutokios berichtet, beschäftigt und die Lösung desselben vermittelst krummer Linien gefunden haben. Was dies für krumme Linien waren, lehrt uns Eutokios nicht. Dass keine Kegelschnitte damit gemeint sind, vernehmen wir von Eratosthenes, welcher an einer Stelle sagt, Archytas von Tarent habe das Problem vermittelst des Cylinders, Eudoxos mit Hülfe der krummen Linien und die Schüler der Akademie mittelst der Kegelschnitte gelöst.

Eudoxos hat auch die Theorie der Proportionen und der regelmässigen Körper ausgebildet; etwas Näheres wissen wir darüber nicht. Auf die astronomischen Ansichten dieses Mathematikers kommen wir später noch zu sprechen.

Mit der Erfindung der Kegelschnitte hängt innigst zusammen die Entstehung der Theorie der geometrischen Oerter, die ebenfalls den ersten Platonikern angehört. Die Anwendung der Kegelschnitte auf die Lösung der so oft genannten Probleme erforderte die Kenntniss der Eigenschaften derselben als geometrische Oerter, wie wir dies bei den menaechmischen Lösungen in der That schon finden. Jene Eigenschaft der Parabel, dass das Quadrat der Ordinate gleich dem Rechteck aus der Abscisse in den Parameter, ist für alle Punkte der Parabel gültig und charakterisirt dieselbe also als einen geometrischen Ort. Dennoch wurden bei den Alten die Kegelschnitte nie als solche aufgefasst, selbst nicht einmal die Ellipse definirt als der Ort aller Punkte, deren Abstandssumme von zwei gegebenen Punkten constant ist. Dagegen spielten in der Planimetrie und Stereometrie die geometrischen Oerter eine grosse Rolle. Proklos führt uns einen gewissen **Hermotimos** von Kolophon an, der über dieselben geschrieben haben soll; auch Pappos nennt uns den **Aristaeos**, den letzten bedeutenden Mathematiker vor Gründung der alexandrinischen Schule, als den Verfasser eines Werkes über die geometrischen Oerter. Aristaeos war auch der erste, der Elemente der Kegelschnitte geschrieben hat. Euklid soll dieselben, nach des Pappos Zeugniss, seiner eigenen Arbeit zu Grunde gelegt haben.

Mit Aristaeos schliessen wir die Reihe der voreuklidischen Mathematiker und beendigen mit ihm zugleich die eigentliche Entwicklungsperiode der griechischen Geometrie. Es beginnt nun mit Gründung der alexandrinischen Schule auf Grundlage der bisherigen Forschungen der sytematische Ausbau der mathematischen Wissenschaften durch Euklid, Archimedes und Apollonios. Bevor ich aber zu dieser Blüthenperiode der Geschichte der Mathematik übergehe, bleibt mir noch einenBlick zu werfen auf die Fortschritte der Astronomie und der naturphilosophischen Lehren von Platon bis auf Euklides.

Die angewandten Wissenschaften erfreuten sich, wie wir schon bemerkt haben, in der platonischen Schule nicht derselben Aufmerksamkeit wie die abstrakten; die Astronomie machte daher auch in der Zeit von Platon bis auf Aristarch keine merklichen Fortschritte. Die philosophische Spekulation hatte noch zu starke Wurzeln, als dass die vereinzelten Anstrengungen einiger weniger Männer ihre alte Herrschaft zu zerstören vermocht hätten. Der grosse Platon selbst war ein eifriger Anhänger der pythagoräischen Mystik und daher ein geschworener Feind jeder reelleren Auffassung. Wir treten hier nicht weiter auf seine speziellen Ansichten über das Wesen der Dinge der Natur ein, die er in verschiedenen seiner Werke, besonders im Timaeos kundgegeben hat; sie sind von keiner wesentlichen Bedeutung für die spätere Entwicklung der Astronomie; wir beschränken uns auf eine kurze Betrachtung der Theorien des schon genannten Mathematikers Eudoxos von Knidos. Derselbe hielt sich lange Zeit in Aegypten auf und brachte nach dem Zeugniss des Seneca (*Quaest. nat. L. VII.*) von dorther die Kenntniss der Planetenbewegungen nach Griechenland. Soviel ist gewiss, dass Eudoxos zuerst versucht hat, die unregelmässige Bewegung der Planeten zu erklären; die Italiker und Pythagoräer hatten hierauf noch keine Rücksicht genommen, sie hatten jedem Planeten eine einzige bestimmte Drehungssphäre angewiesen. Aristoteles (*Metaph. XII, 8*) gibt uns nun eine Darstellung der Versuche des Eudoxos,

jene Unregelmässigkeiten zu erklären. Er soll zu diesem Zwecke vier Sphären angenommen haben, in denen sich der Planet zu gleicher Zeit bewegte: die erste Sphäre war die der Fixsterne, die die tägliche Bewegung hervorbrachte; die zweite erzeugte die Bewegung in der Ekliptik und gab die mittlere Länge des Planeten; die dritte hatte ihre Axe ebenfalls senkrecht zur Ekliptik, drehte sich aber in entgegengesetzter Richtung zur zweiten, was die rückläufige Bewegung erklären sollte und die vierte endlich diente dazu, die Veränderungen in der Breite darzustellen. Für die Bewegungen der Sonne und des Mondes nahm er nur die zwei ersten und die letzte Sphäre an. Diese Hypothesen des Eudoxos, obgleich schwer verständlich und den natürlichen Verhältnissen wenig entsprechend, ermangelten nicht, einen ziemlich starken Anhang unter den Astronomen seiner Zeit zu finden und haben jedenfalls viel zur Aufstellung der epicyclischen Theorie des Hipparch beigetragen.
— Eudoxos soll auch ein geschickter Beobachter gewesen sein; man zeigte lange nach seinem Tode noch den Thurm in Knidos, wo er beobachtet hatte.

Um diese Zeit erfuhren die physischen Wissenschaften einen mächtigen Impuls und eine erfolgreiche Reform durch einen der grössten Philosophen aller Zeiten, das Universalgenie des Alterthums, durch **Aristoteles**, den Schüler Platon's. Dieser berühmte Mann wurde im Jahr 384 v. Chr. zu Stagira in Macedonien geboren. Schon frühe zeigte er einen grossen Eifer, in allen Theilen des menschlichen Wissens zu lernen und zu forschen. Der Ruhm Platon's lockte ihn in seinem siebenzehnten Lebensjahre nach Athen; er genoss zwanzig Jahre lang seinen Unterricht und folgte dann nach dessen Tode einem Rufe Philipps von Macedonien als Erzieher seines Sohnes Alexander, auf dessen Geist und Charakter er einen grossen Einfluss ausgeübt hat. Nachdem dieser seinen persischen Feldzug unternahm, zog sich Aristoteles wieder nach Athen zurück und gründete dort im Lyceum die berühmte peripatetische Schule, während Platon's Schüler unter der Leitung des Xenokrates die Akademie besetzt hielten. Verfolgungen, die er sich durch seine Lehren und durch die Ungunst seines ehemaligen Zöglings, des grossen Alexander, zuzog, zwangen ihn im vorgerückten Alter Athen zu verlassen und sich nach Chalkis auf der Insel Euböa zu flüchten, wo er sich ungestört seinen Lieblingsstudien hingeben konnte bis zu seinem Tode, der im Jahr 321 v. Chr. erfolgte.

Der Grundsatz der aristotelischen Naturphilosophie ist die Sammlung von Beobachtungen und Erfahrungen, um von diesen durch logische Deduction auf die Prinzipien der Dinge zu kommen. Und dieser Weg wäre auch der allein richtige gewesen, um zur Kenntniss der Erscheinungen und Gesetze der Natur zu gelangen, wenn nicht die dialektischen Spitzfindigkeiten seiner Metaphysik ihn oft auf die bizarrsten Theorien geführt hätten. Er wollte die strenge Logik der reinen Mathematik auch auf das Gebiet der Naturwissenschaften verpflanzen und beging dabei den grossen Fehler, die Materie der Form unterzuordnen. Seine kühnen, oft genialen, oft sonderbaren Schlüsse wurden selten richtig verstanden und gaben der Nachwelt Stoff zu den mannigfachsten Interpretationen. So hatten denn die Lehren des ersten und grössten Empirikers des Alterthums das merkwürdige Schicksal, Jahrhunderte lang die Grundgesetze der scholastishen Theologie des Mittelalters zu bleiben, und der Ruhm, den Wissenschaften der Natur für alle Zeiten den Sieg und die Herrschaft verliehen zu haben, knüpft sich nicht an Aristoteles' Namen. Sein grosses Verdienst aber bleibt es immerhin, durch seinen klaren und durchdringenden Verstand und seine strenge Logik Einheit und Ordnung in das grosse Chaos der Wissenschaften gebracht und so jeder einzelnen ihren bestimmten und sichern Weg vorgeschrieben zu haben.

In den Schriften „περὶ τοῦ οὐρανοῦ", „προβλήματα μηχανικά", u. „ἀκροάσεις φυσικαί" legte Aristoteles seine astronomischen, mechanischen und naturphilosophischen Ansichten nieder. Es würde uns zu weit führen, wenn wir näher auf die grosse Menge seiner Sätze und Theorien eintreten wollten; wir führen zur Charakteristik seiner Philosophie nur einige wenige an. In dem Buch „περὶ τοῦ οὐρανοῦ" drückt sich Aristoteles über die Kugelgestalt des Himmels, des ganzen Weltalls folgendermassen aus: „Da die Kreisfläche die vollkommenste aller Flächen ist, weil sie nur von einer, in sich geschlossenen Linie begrenzt ist, so ist auch die Kugel der vollkommenste aller Körper, weil sie durch Drehung des Kreises entsteht. Dem Himmel muss aber nothwendig die vollkommenste Gestalt zukommen, mithin ist er kugelförmig." Ferner nimmt er ausserhalb des Himmels keinen leeren Raum an, was ihm ebenfalls ein Beweis für die Kugelgestalt desselben ist, weil ein eckiger Körper bei seiner Drehung nicht überall den gleichen Raum erfüllen würde. Mehr auf dem Boden der Beobachtung steht Aristoteles in dem Thema von der Kugelgestalt der Erde. Hier war er der erste, der die heutzutage noch geltenden Gründe als Beweise aufführte. Wenn man sowohl gegen Abend als gegen Mitternacht, sagt Aristoteles, vorwärts geht, so heben sich die Sterne vor uns immer höher, in unserem Rücken aber verschwinden sie immer mehr, mithin ist die Erde nach beiden Richtungen gekrümmt. Ferner schliesst er die Kugelgestalt aus dem immer kreisförmigen Schatten der Erde bei Mondsfinsternissen, und endlich gibt er als Grund dafür an das Bestreben der schweren Theilchen der Erde, nach dem Mittelpunkt derselben hin zu sinken, weshalb sie überall um den Mittelpunkt herum gleichweit von demselben abstehen und mithin eine Kugel bilden müssen. Die Lehre von der Bewegung gehört zu den spitzfindigsten Spekulationen der aristotelischen Metaphysik; es würde aber für den Leser zu ermüdend sein, wollten wir die grossen

und sonderbaren Schlussreihen unsers Philosophen hier näher
erörtern; zum Schlusse nur noch seinen Beweis von der
Vollkommenheit der Welt. Die Dinge, sagt er, aus denen
die Welt besteht, sind Alles feste Körper, sie haben also drei
Dimensionen. Drei ist aber die vollkommenste der Zahlen,
denn sie ist die erste der Zahlen, weil eins noch keine Zahl
ist und weil man statt zwei auch beide sagen kann, drei
aber diejenige Zahl ist, durch die wir auch Alles bezeichnen
können; ferner hat die Zahl drei einen Anfang, eine Mitte und
ein Ende. Diese sophistische Dialektik wäre wohl geeignet,
den Ruhm des Aristoteles in unsern Augen tief herabzusetzen,
wenn wir nicht wiederum in andern Beziehungen seinen
scharfen und klaren Geist glänzend hervorleuchten sehen
würden.

Die reine Mathematik wurde in der aristotelischen Schule
nur als Hülfswissenschaft betrachtet, daher auch ihre Entwicklung durch dieselbe keinen merklichen Zuwachs erfahren
hat. Dass Aristoteles in der Mathematik übrigens sehr
bewandert war, beweisen die zahllosen Stellen seiner Schriften, in denen er mathematische Sätze zu Hülfe nimmt oder
dieselben diskutirt. Besonders haben die Definitionen der
geometrischen Grundsätze sein dialektisches Talent in Anspruch genommen und seiner strengen Logik hat man den
nicht hoch genug zu schätzenden Vortheil einer klareren
Beweisführung zu verdanken.

Wenn wir auch Aristoteles und seinen Schülern keine
wesentlichen Fortschritte in der Mathematik zuerkennen können, so haben doch mittelbar zwei derselben durch ihre Darstellung der geschichtlichen Entwicklung der Wissenschaft bis
auf jene Zeit für die euklidische Zusammenstellung der Elemente nützlich vorgearbeitet. Es sind diess die schon oft
genannten Schüler des Stagiriten, **Theophrastos** von Eresos
und **Eudemos** von Rhodos, die beide eine Geschichte der
Geometrie und Astronomie bis auf Aristoteles geschrieben
haben, die aber leider verloren gegangen sind. Besonders

aus dem letzteren Werk haben, wie schon früher angegeben wurde, die Schriftsteller geschöpft, die über die astronomischen und mathematischen Entdeckungen der griechischen Philosophen geschrieben haben; Eudemus verdanken wir die wenigen Lichtstrahlen, die in das Dunkel der voreuklidischen Periode uns bisweilen einen kurzen Blick werfen lassen.

Ich habe noch drei Männer anzuführen, die zur Zeit des Aristoteles lebten und sich in Astronomie und Geographie ausgezeichnet haben. Es sind diess **Dikaearchos** von Messene, **Autolykos** von Pitomäa und **Pytheas** von Massilia (Marseille). Der erstere ist bekannt durch seine Höhenmessungen verschiedener Berge auf geometrischem Wege und seine Geographie von Griechenland. Von Autolykos haben wir zwei astronomische Werke, über den Auf- und Untergang der Gestirne, und über die bewegliche Sphäre, welche von verschiedenen Commentatoren übersetzt und erläutert worden sind. Der berühmteste aber ist Pytheas, aus der griechischen Colonie Marseille gebürtig, der sich durch seine fabelhaften Reisen im Alterthum einen berühmten Namen erworben hat. Er soll, wie berichtet wird, den Norden Europas durchreist und bis zur Insel Thule, dem heutigen Island, wie gemeiniglich angenommen wird, gekommen sein. Auch in Astronomie hat er sich durch seine Beobachtungen in Marseille ausgezeichnet, durch welche er die Breite mehrerer Orte ziemlich genau bestimmt haben soll. Strabon führt ihn in seinen Schriften mehrmals lobend an.

Mit dem Untergang der Selbstständigkeit Griechenlands durch die macedonischen Könige Philipp und Alexander wichen auch die Wissenschaften immer mehr aus seinen Grenzen zurück; Athen wurde nicht der Schwerpunkt des macedonischen Weltreiches; denn nach dem Tode des grossen Eroberers erhob sich Aegypten mit seiner neuen Pflanzstadt Alexandria über alle andern Staaten des zertheilten Reiches glänzend empor und drängte Griechenland in den Hintergrund zurück. Dort war es, wo die Realwissenschaften, von nun an getrennt von der immer tiefer sinkenden spekulativen Philosophie, unter dem Schutze der Ptolemäer jenen bewunderungswürdigen Höhepunkt erreichten, der fünfzehn Jahrhunderte lang die europäische Cultur überflügelt hat.

III.

Die Ptolemæer Lagi, Philadelphos und Euergetes, die drei successiven Nachfolger des grossen Macedoniers auf dem Thron von Aegypten, erhoben Alexandrien zur Metropole orientalischer Bildung. Sie zogen die gelehrtesten Männer der damaligen Zeit an ihren prachtvollen Hof und gründeten die berühmte Akademie mit ihrer werthvollen Bibliothek.

Einer der ersten Gelehrten, der dem Rufe der ægyptischen Mæcenaten folgte, ist der grosse Euklides. Seine wissenschaftliche Thätigkeit zu Alexandrien fällt in die Regierung des Ptolomaeos Lagi, um das Jahr 300 v. Chr. Über seine Abstammung und sein Leben ist uns leider fast gar nichts aufbewahrt geblieben. Soviel man über seine Prinzipien und seine Lebensanschauungen noch erfahren konnte, war er ein Anhänger der platonischen Philosophie, die er unter Platon's Schülern in Athen studirt haben soll. Pappos schildert uns seinen Charakter sanft und bescheiden; jungen Mathematikern stand er gern mit Rath und That zur Seite, jener literarische Stolz und Egoismus, der die Gelehrten des Alterthums nur zu oft befangen hielt, war ihm fremd. Wie tief und ernst er übrigens das Studium der Mathematik aufgefasst hatte, zeigt uns jene bekannte Anekdote, nach welcher er dem König Ptolemæos, der ihn nach einem kürzeren und weniger mühsamen Weg, die Geometrie zu erlernen, gefragt hatte, die Antwort gab: „ὦ βασιλεῖ, μὴ ἔστι βασιλικὴ ἀτραπὸς πρὸς γεωμετρίαν" — O König, es gibt keinen eigenen Weg für die Könige zur Geometrie —.

Seine Elemente (στοιχεία), unter allen mathematischen Werken des Alterthums das beste und vollkommenste, haben ihm unsterblichen Ruhm gebracht. In denselben ist das gesammte mathematische Wissen der Griechen bis zur Lehre von den Kegelschnitten mit bewunderungswürdiger Systematik und geometrischer Strenge geordnet, und wie viele Gegner auch im Laufe der Jahrhunderte der euklidischen Methode und seinem Werke erwachsen sind, keinem ist es gelungen, nur den leisesten Zweifel über die Vortrefflichkeit desselben wachzurufen; viele versuchten, die Elemente der Mathematik von einem andern Gesichtspunkt aus und in anderer Ordnung zusammenzustellen, aber keiner hat die euklidische Klarheit und Übersichtlichkeit erreicht. So haben denn auch die grössten Mathematiker unsrer Zeiten, die Elemente der Geometrie geschrieben haben, den Plan ihrer Werke nach dem ihres hohen Musters einzurichten versucht und unter diesen ist unstreitig Legendre derjenige, der seinem Meister am nächsten gekommen ist.

Das Werk des Euklides ist wie kein anderes epochemachend geworden in der Geschichte der griechischen Mathematik. Es war das erste vollständige Lehrbuch des elementaren Theiles dieser Wissenschaft, der dadurch zu einem bestimmten Abschluss gelangt war. Auf Grundlage dieser zusammenhängenden Darstellung der Elemente konnte ein weiterer Ausbau der Wissenschaft schneller und sicherer vor sich gehen und jene Weitschweifigkeit und Undeutlichkeit vermieden werden, die die Beweise der älteren Geometer durchwegs kennzeichnet. Auch für die Geschichte der Mathematik ist das euklidische Werk ein schätzbares Beleg, indem es das erste ausführliche Denkmal der mathematischen Kenntnisse der Griechen ist, das auf uns gekommen. Mit ihm verschwindet jenes Dunkel, das uns bis jetzt die tiefere Einsicht in den Entwicklungsprozess der voreuklidischen Periode erschwert hat; von nun an können wir die wissenschaftlichen Fortschritte auf diese sichere

Grundlage zurückführen, wodurch uns der Zusammenhang der Sache deutlicher hervortritt.

Das Werk des Euklides zerfällt in vier Theile mit 15 Büchern. Der erste Theil, die sechs ersten Bücher umfassend, handelt über die Planimetrie; der zweite Theil mit dem siebenten, achten und neunten Buche enthält die Arithmetik; der dritte, bestehend aus dem zehnten Buche, ist eine Abhandlung über die commensurablen und incommensurablen Linien, und der vierte Theil mit den fünf letzten Büchern handelt über die Stereometrie. Das vierzehnte und fünfzehnte Buch werden gewöhnlich nicht dem Euklid, sondern dem Alexandriner Hypsikles zugeschrieben, der nach Einigen zur Zeit des Ptolemäos, nach Andern um's Jahr 150 v. Chr. gelebt haben soll, welch' letztere Ansicht die grössere Wahrscheinlichkeit für sich zu haben scheint.

Die zahlreichen Übersetzungen und die grosse Verbreitung dieses Werkes entheben mich der Mühe, näher auf den Inhalt desselben und auf das Wesen der euklidischen Geometrie einzutreten; ich gebe nur noch kurz einige seiner wichtigsten Commentare und Übersetzungen an. — Von den Alten haben Theon von Alexandrien und Proklos den Euklid commentirt, und der Römer Boëthius denselben in's Lateinische übersetzt. Des Proklos Commentar ist besonders werthvoll durch seine zahlreichen historischen Notizen, die uns freilich keineswegs eine zusammenhängende geschichtliche Darstellung ersetzen. Unter den orientalischen Gelehrten hat der Perser Nassir Eddin in der Mitte des 13. Jahrhunderts eine ausgezeichnete Übersetzung des Euklid in arabischer Sprache gegeben, die 1598 zu Florenz gedruckt wurde. Aus dieser und andern arabischen Übersetzungen wurde vor dem 16. Jahrhundert Euklid ins Lateinische übertragen und den Abendländern bekannt. Die erste griechische Ausgabe erschien 1533 zu Basel unter dem Titel: Εὐκλείδου στοιχείων βιβλία ιε ἐκ τῶν Θέωνος συνουσιῶν. Von nun an folgten sich die Ausgaben in endloser Reihenfolge, ein Beweis, wie allgemein die grosse Bedeutung dieses Werkes anerkannt wurde. Unter die vorzüglichsten gehören diejenigen von Clavius, Dasypodius, Barrow und Gregori, von denen die letztere die sämmtlichen Werke Euklids griechisch und lateinisch enthält.

Die übrigen Abhandlungen des grossen Mathematikers wurden durch seine Elemente in den Hintergrund gedrängt. Es sind von ihm noch vorhanden seine *δεδομένα* oder *Data sive theoremata geometrica*, eine Sammlung von 95 Lehrsätzen, in welchen gezeigt wird, wie durch etwas bestimmt Gegebenes zugleich etwas Anderes gegeben ist: z. B.: es seien zwei parallele Gerade gegeben und auch der Winkel, unter dem eine dritte Gerade die Parallelen schneiden soll, so ist damit auch die Grösse dieser dritten Geraden bestimmt. Euklides soll nach des Proklos und Pappos Zeugniss noch mehrere andere Schriften geometrischen Inhaltes verfasst haben, so vor Allem aus vier Bücher über Kegelschnitte, in welchen er als einer Fortsetzung der Elemente dasjenige zusammengestellt hatte, was bis dahin aus diesem höheren Theile der Geometrie bekannt war. Wahrscheinlich haben wir in des Apollonios vier ersten Büchern über die Kegelschnitte das euklidische Werk im Wesentlichen noch erhalten; die vier letzten Bücher des Apollonios bilden die Fortsetzung desselben. Auch über ebene und Flächen-Örter hat Euklides geschrieben, welche Abhandlungen ebenfalls verloren gegangen sind. Ob die astronomischen, optischen und musikalischen Schriften, die gewöhnlich dem Euklides zugeschrieben werden, wirklich sein Produkt sind, wird vielfach bezweifelt; besonders gilt diess von der Katoptrik und der Harmonik. Die erstere enthält die Sätze über die Zurückwerfung der Lichtstrahlen auf ebenen, konvexen und konkaven Spiegeln und über die Grösse und Distanz des Bildes im Verhältniss zu den Gegenständen. Proklos und Theon sprechen allerdings von solchen Schriften des Euklides; allein im Laufe der Jahrhunderte können dieselben vielfach entstellt oder auch andre untergeschoben worden sein; zudem kommt noch, dass dieselben von der Schreibweise und Darstellungsmethode des Euklides ziemlich abweichen. Schon eher ist das astronomische Werk Φαινόμενα unserem Mathematiker zuzuschreiben; dasselbe enthält die geometrische Darstellung der verschiedenen Auf- und Untergänge der Gestirne.

Zur nämlichen Zeit mit Euklides lebten in Alexandrien die beiden Astronomen **Aristyllos** und **Timocharis**, bekannt durch ihre zahlreichen Beobachtungen von Stern- und Mondspositionen, deren Ptolemäos in seinem Almagest eine bedeutende Zahl anführt. Berühmter aber als die beiden Genannten ist **Aristarchos** von Samos, der um's Jahr 280 v. Chr., im Anfang der Regierung des Ptolemäers Philadelphos zu Alexandrien lehrte. Seine grössten Verdienste um die Astronomie erwarb er sich durch seine Ansichten über das Weltsystem und seine Vergleichung der Sonnen- und Monddistanz von der Erde. Wie wir früher schon gesehen haben, war er ein Anhänger der pythagoräischen Lehre von der Bewegung der Erde. Archimedes berichtet uns darüber in seinem Buche *de arenae numero*: „Es ist Dir nicht unbekannt (König Gelon), dass die Welt von den meisten Astronomen als eine Kugel angesehen wird, deren Centrum das Centrum der Erde ist, und deren Radius gleich ist der geraden Linie von dem Centrum der Erde nach demjenigen der Sonne gezogen. Dieses von den Astronomen Angenommene sucht nun Aristarch von Samos zu widerlegen in verschiedenen Sätzen, aus denen er schliesst, dass die Welt vielmal grösser sei als das was man bis jetzt als Welt angenommen (ἐν αἷς ἐκ τῶν ὑποκειμένων συμβαίνει τὸν κόσμον πολλαπλάσιον εἶναι τοῦ νῦν εἰρημένου). Denn er nimmt an, dass die Fixsterne und die Sonne unbeweglich seien, die Erde aber in einem Kreise sich um die Sonne bewege. Die Fixsternsphäre aber habe ihr Centrum im Centrum der Sonne und sei von solcher Grösse, dass der

Kreis, in dem sich die Erde bewegt, in demselben Verhältniss stehe zur Fixsternsphäre, wie das Centrum jenes Kreises zu seiner Peripherie." Archimedes aber fügt hinzu, dass Aristarch diess wohl nicht so gemeint habe; denn ein Centrum als ein blosser Punkt könne nicht verglichen werden mit der Peripherie einer Bahn; er habe wahrscheinlich damit sagen wollen: „Wie sich die Erde verhält zu der Peripherie ihrer Bahn, so verhält sich diese zur Fixsternsphäre." Wir finden also bei Aristarch zum ersten Mal einen richtigeren Begriff von der Unendlichkeit des Weltalls und der Stellung der Erde in demselben. Wenn wir auch auf seine Theorie der Bewegung der letztern keinen zu grossen Werth legen dürfen, indem sie jedenfalls nicht auf einer gründlichen Beobachtung der Erscheinungen der täglichen und jährlichen Bewegung basirt, so können wir doch nicht umhin, den Ruhm Aristarchs an denjenigen des grossen Kopernikus zu knüpfen, der achtzehn Jahrhunderte nachher durch des ersteren Lehren zu dem allein wahren Systeme geführt wurde.

Gewiss nicht weniger als diese Ansichten von der Bewegung der Erde zeugt die Vergleichung der Mond- und Sonnendistanz von dem Genie unsers Astronomen. Seine Abhandlung darüber ist noch vorhanden unter dem Titel: Ἀρισταρχου περὶ μεγεθῶν καὶ ἀποστημάτων τοῦ ἡλίου καὶ τῆς σελήνης βι'. ά. — Des Aristarches Buch über die Grösse und Entfernung der Sonne und des Mondes. — Aristarch fand den Bogen, um den der Mond, wenn er genau zur Hälfte beleuchtet ist, von der Sonne absteht, drei Grad weniger als einen Rechten, also 87°. Es ist nun klar, dass die Linie vom Centrum der Sonne zu dem des Mondes und diejenige vom Mond- zum Erdcentrum am Mond einen rechten Winkel bilden. In dem rechtwinkligen Dreieck Sonne, Mond, Erde sind also alle drei Winkel bekannt und daher auch das Verhältniss der Hypotenuse zur einen Kathete, d. h. der Sonnen- zur Monddistanz. Es ist vielleicht interessant zu wissen, wie Aristarch dieses Verhältniss ohne Hülfe der trigonometrischen Relationen des rechtwinkligen Dreieckes bestimmt hat.

Es seien in Fig. 4 A, B und C die Centra der Sonne, der Erde und des Mondes, welches die Stellung der drei Gestirne zur Zeit des Halbmondes sein wird, da AC senkrecht auf BC steht. Der Bogen AD ist nun nach Aristarchs Beobachtung 87°, mithin DE 3°. Da nun die Linie BG den halben rechten Winkel FBE halbirt, so verhält sich der Winkel GBE, welcher der vierte Theil des Quadranten ist, zum Winkel DBE, als dem dreissigsten Theil desselben, wie 30 : 4 oder 15 : 2. Es ist nun $GE : EB > JE : DE$, also auch grösser als 15 : 2. Das Quadrat über der Diagonale BF ist doppelt so gross als das über BE, oder FE, und weil die Proportion besteht: $BF : BE = FG : GE$, so ist auch das Quadrat über FG doppelt so gross als das über GE, d. h. das Verhältniss der beiden ist etwas grösser als 49 : 25, also dasjenige der Geraden FG und GE etwas grösser als 7 : 5, oder dasjenige von $FE : GE$ grösser als 12 : 5 oder 30 : 15. Es ist aber, wie gezeigt worden, $GE : EB > 15 : 2$, daher $FE : EB > 30 : 2 = 18 : 1$; d. h. FE oder BE ist grösser als das achtzehnfache von EB. Um so mehr ist BB grösser als das achtzehnfache von EB. Da nun aber wegen der Aehnlichkeit der Dreiecke ABC und BEB sich verhält : $EB : BB = BC : AB$, so ist auch AB grösser als das achtzehnfache von BC. Auf ähnliche Weise zeigt er, dass AB kleiner ist als das zwanzigfache von BC und stellt somit den Satz auf, dass die Entfernung der Sonne von der Erde nicht mehr als zwanzigmal und nicht weniger als achtzehnmal grösser sei als diejenige des Mondes.

Diese Methode des Aristarch, das Verhältniss der Mond- zur Sonnendistanz mit Hülfe der Dichotomie (σελήνη διχό ομος der Halbmond) zu finden, ist der erste und glücklichste Versuch der Alten auf dem Gebiete der mathematischen Astronomie; es ist der erste Schritt zu einer höheren und gründlicheren Behandlung dieser Wissenschaft. Wenn auch die dabei erhaltenen Resultate sehr von der Wahrheit abweichen, so ist doch der eingeschlagene Weg ein nach geometrischen Grundsätzen richtiger.

Aus diesen Entfernungsverhältnissen schliesst dann Aristarch auf die Grössenverhältnisse von Sonne und Mond und nimmt den wahren Durchmesser der ersteren, ebenfalls zwischen 18 und 20 Mal grösser an als den des letzteren. Um zu diesem Schlusse zu gelangen, musste er nothwendig die scheinbaren Durchmesser der beiden Gestirne als gleich annehmen und so widerstreitet denn der Angabe Archimeds, er habe den scheinbaren Durchmesser der Sonne den 720sten Theil ihrer Sphäre angenommen, die Stelle in Aristarchs Werk, wo es heisst „*lunam subtendere quintam decimam partem signi*", also der 180ste Theil seiner scheinbaren Bahn. Wir dürfen jedenfalls die Behauptung Archimeds als die richtige ansehen. — Wir haben, bevor wir diesen ersten grossen Astronomen der Griechen verlassen, nur noch eine Erfindung desselben zu erwähnen, die ihm von Vitruvius zugeschrieben wird. Es ist diess die des sog. Skaphium, einer Sonnenuhr, bestehend aus einem hohlen Kugelsegment, in dessen Mittelpunkt sich ein Stab von der Länge des Kugelradius erhob; es war also nichts anderes als ein Gnomon, bei welchem die Ebene durch eine Kugelschale ersetzt war.

Des Aristarchos würdiger Nachfolger war **Eratosthenes**, einer der grössten Gelehrten der alexandrinischen Schule. Er wurde um's Jahr 276 v. Chr. geboren. Unter den Ptolemäern Philopator und Epiphanes war er Vorsteher der berühmten Bibliothek zu Alexandrien, welches Amt er bis zu seinem tragischen Ende bekleidete; er starb aus Lebensüberdruss den freiwilligen Hungertod im Alter von 80 Jahren.

Eratosthenes hat sich in allen Gebieten der mathematischen Wissenschaften gleich vortheilhaft ausgezeichnet. In Arithmetik verdankt man ihm die bekannte Methode, alle Primzahlen bis zu einer bestimmten Grenze zu finden, das Sieb des Eratosthenes genannt (κόσκινον Ἐρατοσθένους), welche einfach darin besteht, dass man alle ungeraden Zahlen der Reihe nach hinschreibt, von 3 an je die dritte, von 5 an je die fünfte, von 7 an je die siebente u. s. f. austreicht, die übrig bleibenden sind die Primzahlen. In Geometrie soll er nach des Proklos und Pappos Zeugniss über die Kegelschnitte und über die geometrischen Örter vortreffliche Abhandlungen geschrieben haben, von denen wir aber nichts weiter als die Titel kennen. Er beschäftigte sich auch mit dem Problem der Verdoppelung des Würfels und es ist uns eine mechanische Lösung desselben von Eutokios (*Comm. in Lib. II. Archim. de sphær. et cyl.*) aufbewahrt worden.

Es seien in Fig. 5 $ADMF$, $JKLH$ und $ONPB$ drei kongruente Rechtecke; ihre gemeinschaftliche Höhe AD und der Abschnitt CB seien die gegebenen Geraden, zu denen die zwei mittleren Proportionalen gefunden werden sollen. Man schiebe nun die 3 Rechtecke so weit ineinander, dass die Endpunkte E und G der unverdeckten Stücke der parallelen Diagonalen mit D und C in einer Geraden liegen. Dann ist aus der Aehnlichkeit der Dreiecke leicht einzusehen, dass EF und GH die gesuchten Geraden sind, dass sich also verhält:
$$AD : EF = EF : GH = GH : CB.$$

Besonders aber um die Astronomie hat sich Eratosthenes grosse Verdienste erworben. Wir haben hier zuerst von jener berühmten Gradmessung zu sprechen, die seinen Namen unsterblich gemacht hat. Eratosthenes basirte sein Unternehmen auf eine Beobachtung, die man an einem tiefen Brunnen zu Syene in Oberägypten gemacht hatte, dass nämlich am Tage des Sommersolstitiums zur Mittagszeit der Grund desselben von der Sonne vollständig erleuchtet war. Daraus schloss er, es müsse Syene unter dem Wendekreis des Krebses liegen. Er stellte nun an diesem nämlichen Tage zu Alexandrien, das er, wiewohl nicht ganz richtig, unter dem gleichen Meridiano liegend voraussetzte, ein Skaphium auf und bestimmte das Verhältniss des Schattenbogens, den der Styl des Skaphiums auf der Kugelschale warf, zum ganzen Umkreis. Es war dieses natürlich dasselbe Verhältniss, wie das der Entfernung Alexandriens von Syene zum ganzen Erdmeridian. Er fand jenen Schattenbogen den fünfzigsten Theil des Umfanges, und da die Entfernung von Alexandrien nach Syene damals zu 5000 Stadien angenommen wurde, so fand er also für den Umfang der Erde 250,000 Stadien. Diese Bestimmung des Eratosthenes hat allerdings bedeutende Fehler an sich. Erstens lag, wie schon angeführt, Syene nicht unter dem gleichen Meridian mit Alexandrien; zweitens hat er die Sonnenstrahlen, die auf die verschiedenen Punkte der Erde fallen, unter sich als parallel angenommen und auch den scheinbaren Sonnenhalbmesser nicht in Berücksichtigung gezogen, was freilich an einem kleinen Skaphium einen mit den damaligen Hülfsmitteln kaum merkbaren Unterschied in der Länge des Schattens hervorbrachte; und endlich ist die Entfernung zwischen Alexandrien und Syene wohl ziemlich oberflächlich angegeben. Über die Grösse des griechischen Stadiums sind bei diesem Anlass vielfältige Forschungen gemacht worden; besonders haben Riccioli und Freret sich in gelehrten Hypothesen darüber ergangen; denn anders kann man wohl diese Versuche nicht nennen, indem die griechischen Schriftsteller von verschiedenen Stadien sprechen, deren Verhältnisse unter einander wir wohl kennen, nicht aber die genaue absolute Grösse. Wollen wir nun des Eratosthenes Messung der Wahrheit so nahe als möglich bringen, so müssen wir annehmen, er habe das kleinste bei den Griechen gebräuchliche Stadium, das 600 römische Fuss betrug, angewandt: über die Länge des röm. Fusses aber weichen die Ansichten auseinander. Doch kann nach allen darüber angestellten Untersuchungen die Länge von 600 röm. Fussen von 95 tois. nicht weit verschieden sein. Wir hätten also nach dieser Annahme für die Länge eines Grades nach des Eratosthenes Messung ungefähr 65,000

tois., woraus für den Umfang der Erde 5800 geogr. Meilen
sich ergeben würden. Vergleicht man hiemit die damaligen
Ansichten über die Grösse der Erde, und berücksichtigt
man die grosse Unvollkommenheit der Hülfsmittel, so erscheint uns jener Fehler von 400 Meilen als ein so unbe-
deutender, dass wir des Eratosthenes Resultat zu den ausgezeichnetsten Maassbestimmungen des Alterthums rechnen
dürfen, zumal beinahe 100 Jahre später der grosse Hipparch
den Umfang der Erde noch auf 6300 Meilen berechnete.

Diese Gradmessung führte Eratosthenes auf die
Bestimmung der Schiefe der Ekliptik. Er beobachtete
zur Zeit des Aequinoctiums den Abstand der Sonne vom
Zenith Alexandriens; von diesem Bogen das Stück des Me-
ridians von Syene bis Alexandrien subtrahirt, gab ihm
die Breite des Wendekreises, oder die Schiefe der Ekliptik.
Er fand dieselbe 23° 51′ 13″. Der Fehler von 15′, der
nach den heutigen Berechnungen in dieser Angabe liegt,
rührt nach Riccioli von der Nichtbeachtung des scheinbaren Sonnenhalbmessers her, indem Eratosthenes anstatt
der Höhe des Sonnencentrums diejenige des obern Randes
derselben nahm. — Von den zahlreichen Schriften des Eratosthenes sind uns nur einige wenige Bruchstücke aufbewahrt geblieben, so seine Gradmessung durch Kleomedes,
seine Beschreibung der Constellation und des Mesolabiums,
(so nannte Eratosthenes das Instrument, mit dem er zwei
mittlere Proportionallinien zu zwei Gegebenen konstruirte).

Wir verlassen hier für einen Augenblick den afrikani-
schen Continent und wenden uns nach der alten Hauptstadt
Siciliens. Zu Syrakus wurde im Jahr 287 v. Chr. **Archimedes**
geboren, unstreitig das grösste mathematische Genie des
Alterthums, der eigentliche Schöpfer der Mechanik und der
höheren Geometrie. Er brachte diese Wissenschaften auf
den höchsten Punkt der Entwicklung, den sie im Alterthum
erreicht haben und den sie 19 Jahrhunderte lang bis auf
Galilei und Descartes nicht zu übersteigen vermochten.

Seine mechanischen und geometrischen Schriften bilden eine einzige fortlaufende Kette von Erfindungen, die wohl durch das, was verloren gegangen, noch einen beträchtlichen Zuwachs erhalten würden; allein diess sind nur seine theoretischen Leistungen; nicht minder zahlreich und grossartig sollen jene Produkte der praktischen Mechanik gewesen sein, die die dreijährige, heldenmüthige Vertheidigung seiner unglücklichen Vaterstadt dem Genius ihres grossen Bürgers entlockte.

Aus dem Leben Archimed's sind uns nur einzelne hervorragende Züge bekannt. Er war Verwandter des Königs Hieron, dessen Liebe zu den Wissenschaften ihn in Syrakus festhielt, ansonst wir ihn wohl unter den Gelehrten der alexandrinischen Akademie aufzusuchen hätten. Sein brennender Eifer für die Wissenschaften hinderte ihn sogar an den nothwendigsten Geschäften des täglichen Lebens; Diener mussten ihn mit Gewalt aus seinem Arbeitskabinet zur Tafel reissen. Dieser Zug seines Lebens wird denn auch als die Ursache seines Todes angegeben. Nach der Einnahme von Syrakus drang ein römischer Soldat in sein Zimmer, und da Archimedes die grösste Gleichgültigkeit über seine Gegenwart zeigte, tödtete ihn der erzürnte Krieger (212 v. Chr.). Auf sein Grabmal wurde nach seinem Wunsche ein Cylinder mit der eingeschriebenen Kugel gezeichnet, als bescheidener Repräsentant seiner grossen Erfindungen.

Das fruchtbarste Wirkungsfeld des archimedischen Geistes war die Flächen- und Inhaltsberechnung krummer Linien und Oberflächen. Seine noch vorhandenen geometrischen Schriften enthalten in systematischer Reihenfolge: Die Ausmessung des Kreises ($\varkappa\acute{\upsilon}\varkappa\lambda o \upsilon$ $\mu\acute{\varepsilon}\tau\varrho\eta\sigma\iota\varsigma$), die des Cylinders und der Kugel ($\pi\varepsilon\varrho\grave{\iota}$ $\sigma\varphi\alpha\acute{\iota}\varrho\alpha\varsigma$ $\varkappa\alpha\grave{\iota}$ $\varkappa\upsilon\lambda\acute{\iota}\nu\delta\varrho o \upsilon$), die Quadratur der Parabel ($\tau\varepsilon\tau\varrho\alpha\gamma\omega\nu\iota\sigma\mu\grave{o}\varsigma$ $\pi\alpha\varrho\alpha\beta o\lambda\tilde{\eta}\varsigma$) und die Inhaltsberechnung der Konoiden und Sphäroiden ($\pi\varepsilon\varrho\grave{\iota}$ $\varkappa\omega\nu o\varepsilon\iota\delta\acute{\varepsilon}\omega\nu$ $\varkappa\alpha\grave{\iota}$ $\sigma\varphi\alpha\iota\varrho o\varepsilon\iota\delta\acute{\varepsilon}\omega\nu$). Dann folgen zwei Abhandlungen über die Spirallinien ($\pi\varepsilon\varrho\grave{\iota}$ $\dot{\varepsilon}\lambda\acute{\iota}\varkappa\omega\nu$) und die

Schwerpunktsbestimmung ebener Figuren (ἐπιπέδων ἰσορ-
ροπικῶν, ἡ κέντρα βαρῶν ἐπιπέδων) mit Hülfe letzterer er
die Quadratur der Parabel bestimmte. Hiezu kommt noch
die Schrift über die Zahl des Sandes (ψαμμίτης) und die
beiden physikalischen Abhandlungen: Ueber die schwimmenden Körper (περὶ τῶν ὀχουμένων) und über die Brennspiegel
(περὶ κατόπτρων καυστικῶν).

In dem Buche über die Ausmessung des Kreises beweist
er zuerst den Satz, dass die Fläche des Kreises gleich ist
derjenigen eines Dreieckes, das zur Grundlinie den Umfang
und zur Höhe den Radius des Kreises hat, und indem er
dies thut, bringt er zum ersten Mal den Begriff des Un-
endlichen zu seiner vollen Bedeutung. Er zeigt nämlich,
dass das Dreieck grösser ist als jedes eingeschriebene und
kleiner als jedes umgeschriebene Vieleck von noch so grosser
Seitenzahl, d. h. er fasst den Kreis als ein Vieleck von
unendlich vielen Seiten auf. Diese Auffassung zieht sich
durch alle Beweisführungen Archimeds mit grosser Consequenz und gibt seiner ganzen Darstellung das Gepräge
der Neuheit, so dass wir unwillkürlich versucht sind, den
grossen Archimedes der alexandrinischen Periode unter die
Mathematiker der modernen Zeit zu versetzen. Bei der
Berechnung des Verhältnisses von Umfang und Durchmesser,
zu dem er dann übergeht, führt er die Theilung der Kreis-
peripherie bis zum 96-Eck fort, berechnet jeweilen das
Verhältniss der ein- und umgeschriebenen Viclecksseite zum
Durchmesser und findet so schliesslich für dasjenige von
Umfang und Durchmesser die beiden Grenzzahlen $3^1/7$
und $3^{10}/71$.

Von der Ausmessung des Kreises geht dann Archimedes auf die aus jenem entstehenden Körper, den Cylinder
und die Kugel über, bestimmt deren Oberfläche und Kubik-
inhalt und findet die berühmte Beziehung, dass sich Cylinder,
Kugel und Kegel von gleicher Grundfläche und gleicher Höhe
(resp. Durchmesser) dem Inhalte (erstere beiden auch der

Oberfläche) nach verhalten wie 3 : 2 : 1. Die Quadratur der Parabel findet Archimedes auf zwei verschiedene Arten: einmal mit Hülfe der Schwerpunktsbestimmung ebener Figuren, und das andre Mal, indem er durch successives Einschreiben von Dreiecken in die jeweiligen Parabelsegmente ein Polygon erhält, dessen Grenzwerth leicht zu bestimmen ist. Wie bekannt verhalten sich die Flächen jener Dreiecke wie die Glieder der Progression $1, \frac{1}{4}, \frac{1}{16}, \frac{1}{64} \ldots$, deren Summe $1\frac{1}{3}$ beträgt. Es ist also die Fläche des Parabelabschnittes $\frac{4}{3}$ von der des ersten eingeschriebenen Dreieckes oder $\frac{2}{3}$ des umschriebenen Parallelogramms. Archimedes weist im Laufe der Abhandlung öfters auf Elemente der Kegelschnitte zurück, woraus wir schliessen, dass er solche verfasst haben muss. Hievon datirt denn auch die Behauptung des Mathematikers Heraklides, dass das Werk des Apollonios eine blosse Sammlung der archimedischen Erfindungen auf dem Gebiete der Kegelschnitte sei; allein der grosse Unterschied zwischen der apollonischen Behandlungsweise und der archimedischen lässt uns die Selbständigkeit des ersteren deutlich erkennen.

Die Cubirung der Konoide und Sphäroide ist eine der geistreichsten archimedischen Schöpfungen. Er betrachtet von diesen Körpern nur die durch Rotation um ihre Axe entstandenen, nämlich das Sphäroid (Ellipsoid), das parabolische Konoid (Paraboloid) und das hyperbolische Konoid (Hyperboloid). Mit Recht rügt Müller[*]) die unsinnige Anwendung der Ausdrücke: Paraboloid, Hyperboloid etc.; denn diese bedeuten nichts anderes als Curven, die den Parabeln und Hyperbeln ähnlich sehen. Die archimedische Bezeichnung aber ist der Entstehung und der Form jener Körper vollständig angepasst; parabolisches Konoid bedeutet ein durch Drehung der Parabel entstandener dem Kegel ähnlicher Körper, und analog das hyperbolische Konoid; Sphäroid

---

*) Beiträge zur Terminologie der griech. Mathematiker. 1860.

heisst ein Körper, der das Ansehen einer Kugel hat; weil nur aus einem Kegelschnitt ein Sphaeroid entstehen kann, liess Archimedes die nähere Bezeichnung „elliptisch" weg. Zum Zwecke der Cubirung dieser Körper befolgt Archimedes den nämlichen Gang wie bei der Quadratur des Kreises und der Parabel; er schreibt in und um das Paraboloid z. B. ein System von gleich hohen Cylinderschnitten und beweist dann zuerst den Satz, dass bei ohne Ende abnehmenden Theilhöhen der Unterschied des ein- und umgeschriebenen Körpers kleiner werden kann, als jeder noch so klein angenommene Raum. Auf diesem Wege findet er die Resultate:

Jeder Abschnitt eines parabolischen Konoids ist anderthalbmal so gross, als ein Kegelabschnitt, welcher mit jenem einerlei Grundfläche und Axe hat. — Abschnitte desselben parabolischen Konoids, welche gleiche Axen haben, sind inhaltsgleich; ungleichaxige dagegen verhalten sich ihrem Inhalte nach wie die Quadrate ihrer Axen. — Wenn ein Sphaeroid von einer durch dessen Mittelpunkt gehenden Ebene geschnitten wird, so ist jeder der beiden Abschnitte zweimal so gross als derjenige Kegelabschnitt, welcher mit jenem einerlei Grundfläche und Axe hat, u. s. w. —

Wir haben schon früher die Bemerkung gemacht, dass Archimedes für die Kegelschnitte noch die alte, ihrer Entstehung gemässe Bezeichnung gebraucht hat und dass erst von Apollonios her die jetzt gebräuchlichen Namen datiren. Die Benennung ἔλλειψις kommt allerdings in seinen Konoiden einige Male vor, allein es ist unzweifelhaft, dass dieselbe durch spätere Abschreiber hineingebracht worden ist. — Die Asymptoten der Hyperbel treten ebenfalls bei Archimedes auf; er nennt sie aber nicht Asymptoten (nicht zusammenfallende), sondern viel passender αἱ ἔγγιστα τᾶς τοῦ ἀμβλυγωνίου κώνου τομᾶς (die am engsten an die Hyperbel sich anschliessenden). Nach der apollonischen Benennung wäre jede Gerade, die die Hyperbel nicht schneidet, eine Asymptote.

In dem ersten Buche der Abhandlung über das Gleichgewicht oder über die Schwerpunktsbestimmung von ebenen Figuren beweist er zuerst den berühmten Satz vom Hebel, dass wenn verschiedene Gewichte an demselben im Gleichgewicht sein sollen, die Distanzen ihrer Schwerpunkte vom Unterstützungspunkt sich umgekehrt verhalten müssen wie die Gewichte. Dann bestimmt er den Schwerpunkt von Rechtecken und Dreiecken und endlich im zweiten Buch denjenigen eines Parabelsegmentes.

Sehr interessant sind seine Untersuchungen über die Spirallinien, die von Konon, einem Zeitgenossen und Freunde des Archimedes, nach dessen eigener Angabe erfunden worden waren. Gleichwohl heisst die Curve heute noch die archimedische Spirale, denn Archimedes hat die wichtigsten Eigenschaften derselben zuerst gefunden und bewiesen, und zwar gehören diese Beweise zu den schwierigsten, aber auch sinnreichsten des grossen Mathematikers. Er zeigte unter Anderem, dass jeder Spiralensektor ein Drittel des zugehörigen Kreissektors sei; dass der Abschnitt, den die Tangente im Endpunkt der ersten Umdrehnng auf der Abscissenaxe macht, gleich sei dem Umfange des zur Spirale gehörigen Kreises, dass der Abschnitt, den die Tangente im Endpunkt der zweiten Umdrehung auf der nämlichen Axe macht, gleich sei dem Umfange des zur zweiten Umdrehung der Spirale gehörigen Kreises, u. s. f.
— In der Schrift „über die Zahl des Sandes" zeigt Archimedes, dass die Menge aller Sandkörner auf der Erde noch keineswegs unendlich gross sei, wie Viele meinten, sondern leicht berechnet und durch eine endliche Zahl ausgedrückt werden könne.

Die schon erwähnte Abhandlung des Archimedes „über das Gleichgewicht oder über den Schwerpunkt" enthält, obgleich sie gewöhnlich zu den geometrischen Schriften gerechnet wird, die Grundgesetze der Statik, und wir betrachten Archimedes mit Recht als den Schöpfer der mechanischen Wissenschaften; denn was vor ihm Aristoteles in seiner Physik darüber geschrieben, ist weit entfernt, den Charakter einer mathematischen Wissenschaft zu haben. — Die Prinzipien der Hydrostatik veröffentlichte Archimedes in dem Werke „über die schwimmenden Körper". In acht Lehrsätzen behandelt er das Gleichgewicht der flüssigen Körper; er zeigt zuerst, dass die Oberfläche jeder ruhenden Flüssigkeit eine Kugelfläche sei vom nämlichen Krümmungsradius wie die Erde. Dann beweist er den berühmten Satz, der heute unter dem Namen des Archimedischen Prinzips bekannt ist, dass jeder Körper in einer Flüssigkeit so viel von seinem Gewichte verliert, als das von ihm verdrängte Wasser wiegt. Zu dieser Entdeckung soll bekanntlich jene für den König Hieron verfertigte goldene Krone den Anlass gegeben haben, deren zweifelhafte Aechtheit Archimedes auf Befehl des Königs wissenschaftlich konstatiren sollte. Während er im Bade war, fand er die Lösung des Problems. Er wog die Krone, sowie zwei ebenso schwere Stücke reines Gold und reines Silber in der Luft und im Wasser und fand so, dass die Krone nicht ächt, sondern eine Mischung von Gold und Silber war.

Archimedes bietet den Geschichtschreibern des Alterthums durch seine wirksame Theilnahme an der Vertheidigung von Syrakus reichlichen Stoff; leider aber hat uns kein Sachkundiger über seine wissenschaftlichen Bemühungen Bericht erstattet. Die Angaben eines Livius, Polybius, Plutarch und Andern über die kunstvollen Maschinen, die alle Anstrengungen der Belagerer während drei Jahren fruchtlos machten, geben uns keinen näheren Aufschluss über das Prinzip und die Einrichtung dieser von Archimedes erfundenen Kriegswerkzeuge. In noch höherem Grade ist dies der Fall mit den berühmten Brennspiegeln, mit deren Hülfe er die Kriegsschiffe der Römer in Brand gesteckt haben soll. Die Unmöglichkeit, mit sphärischen Spiegeln auf so grosse Distanzen eine solche Wirkung hervorzubringen, hat die Gelehrten auf die mannigfaltigsten Vermuthungen über diesen Gegenstand geführt. Das Wahrscheinlichste (wenn überhaupt die Thatsache der Erzählung als wahr angenommen werden kann) wäre, dass Archimedes ein System von ebenen Spiegeln in solche gegenseitige Lage gebracht hätte, dass sie alle das Licht nach dem nämlichen Punkte zurückgeworfen hätten. Nur so war es ihm möglich, je nach der Entfernung der Schiffe, auch den Brennpunkt des Spiegelsystems zu variren. Einige Schriftsteller erwähnen das Verbrennen der römischen Schiffe ebenfalls, aber sagen nichts von Brennspiegeln. Es wäre nun leicht möglich, wie Montucla ganz richtig schliesst, dass diese Thatsache des Verbrennens mit der archimedischen Abhandlung über die Brennspiegel in Verbindung gebracht worden und hieraus jene Sage entstanden wäre. Doch sei dem, wie ihm wolle; die grossartigen Erfindungen, die unserem Mathematiker zugeschrieben werden, beweisen nur das allgemeine Vertrauen in die Unerschöpflichkeit seines Genies.

Von verloren gegangenen Schriften des Archimedes möchte ich nur noch seine Beschreibung der Sphäre ($\pi\varrho\iota$ $\sigma\varphi\alpha\iota\varrho\sigma\pi\sigma\iota\iota\alpha\varsigma$) erwähnen, eines von ihm erfundenen Instrumentes zur Darstellung der Bewegungen der Himmelskörper. Es wird dasselbe im Alterthum allgemein als eine seiner geistreichsten Erfindungen geschildert; selbst Cicero spricht sich mit Bewunderung darüber aus in den Tuscul. Briefen (*Lib I.*). — Die Werke des Archimedes sind vielfach commentirt und übersetzt worden, so von Eutokios, Commandinus, Maurolykus, Borelli, etc. Der Commentar des ersteren ist für die Geschichte der Mathematik von Nutzen; er enthält besonders eine ausführliche Entwicklung des Problems von der Verdoppelung des Würfels. Man findet ihn griechisch und lateinisch in der Baseler-Ausgabe des Archimedes vom Jahr 1544.

Die Werke des Archimedes machen uns mit einigen Zeitgenossen und Freunden desselben bekannt. Wir haben schon den Geometer **Konon**, den Erfinder der Spirale erwähnt. Archimedes gibt ihm in der Vorrede zu seiner Quadratur der Parabel das Zeugniss eines in der Geometrie sehr bewanderten Mannes und betrauert tief seinen frühen Tod. Apollonios nennt ihn als den Verfasser einer Abhandlung über die Kegelschnitte. Ptolemäos und Seneca führen ihn auch als bedeutenden Astronomen an. Nach Ersterem soll er vortreffliche Ephemeriden verfertigt und nach letzterem die astronomischen Beobachtungen der Aegypter gesammelt haben. — Wir vernehmen von Archimedes auch den Namen eines gewissen **Dositheos**, dem er einige seiner Schriften widmet und über dessen Freundschaft er sich bei dem Verluste Konon's sehr freut.

Wir reihen hier einen Mathematiker ein, dessen Zeitalter nicht genau angegeben werden kann, **Nikomedes**, den Erfinder der Konchoide. Soviel aber ist sicher, dass er nach Eratosthenes und vor Geminos, also zwischen 250 und 100 v. Chr. lebte. Denn nach Eutokios (*Comm. in Arch. Lib. II. de sphaer. et cyl.*) kritisirt er in seiner Schrift die Lösung, die Eratosthenes von dem Problem der Verdoppelung des Würfels gegeben hat, die er gar nicht geometrisch findet, und Geminos soll nach des Proklos Zeugniss (*Comm. in Lib. I. Eukl.*) die Konchoide beschrieben haben. — Die Lösung des Nikomedes gehört zu den geistreichsten, die dieses Problem gefunden hat; sie zeichnet sich darin vor den andern aus, dass sie zugleich auch die Trisection des Winkels gibt.

Es seien in Fig. 8 AB und BC die gegebenen Geraden, zu denen zwei mittlere Proportionale gefunden werden sollen. Man vervollständige das Rechteck $ABCL$, theile AB und BC je in zwei gleiche Theile, ziehe EF senkrecht auf die Mitte von BC und trage von C aus $CF = AD$ ab, verbinde F mit G, ziehe CH parallel zu FG und trage nun in den Winkel

HCK die Gerade $HK = AD$ so ein, dass sie verlängert durch F geht. Dann ziehe man schliesslich KLM, so sind AM und CK die gesuchten mittleren Proportionalen. Denn es verhält sich: $MA : AB = BC : CK$ und da AD die Hälfte von AB, und ebenso BC die Hälfte von GC, so ist auch $MA : AD = GC : KC$. Es besteht aber auch die Proportion $GC : CK = FH : HK$, daher $MA : DA = FH : HK$, oder: $MD : DA = FK : HK$. Da aber nach der Voraussetzung $DA = HK$, so ist auch $MD = FK$, daher auch $MD^2 = FK^2$. Es ist nun, wie leicht zu verificiren, $BM . MA + DA^2 = MD^2$; ebenso $BK . KC + CE^2 = EK^2$; dazu auf beiden Seiten EF^2 addirt, gibt $BK . KC + CF^2 = FK^2$; aber da $FK^2 = MD^2$ und auch $CF = DA$ vorausgesetzt wurde, so muss auch die Gleichheit bestehen: $BM . MA = BK . KC$, oder die Proportion $BM : BK = KC : MA$. Hieraus folgt, da $BM : BK = AB : CK$, die Proportion $AB : CK = CK : MA$. Aus der Aehnlichkeit der Dreiecke hat man aber auch CL oder $AB : CK = MA : AL$ oder BC; also besteht die continuirliche Proportion.

$AB : CK = CK : MA = MA : BC$. q. e. d.

Die Schwierigkeit der Lösung liegt nun in dem Problem, die gegebene Länge HK so in den Winkel HCK einzutragen, dass sie verlängert durch den Punkt F geht. Dieses erreichte nun Nikomedes mit Hülfe seiner Konchoide. (Fig. 7.) Diese Curve hat die Eigenschaft, dass alle Strahlen, die von ihr aus nach einem festen Punkte der Y-Axe gezogen werden, durch die X-Axe so geschnitten werden, dass die Abschnitte zwischen letzterer und der Curve einander gleich sind. Es ist nun leicht einzusehen, wie sie bei der Lösung unserer Aufgabe angewandt wird. Es sei nämlich $p_1 Ex_1$ der gegebene Winkel, dem die Strecke AB so eingeschrieben werden soll, dass sie verlängert durch den Punkt P geht. Man nehme den einen Schenkel Ex_1 als X-Axe an, und beschreibe über demselben mit dem Pol P und dem Parameter AB die Konchoide $Ap_1 p_2 \ldots$ Der

Durchschnitt derselben mit dem andern Schenkel bestimmt uns die Gerade $p_1 P$, deren Abschnitt $p_1 x_1$ den gestellten Forderungen genügt.

Ebenso schön löst die Konchoide das Problem der Dreitheilung des Winkels. Es sei in Fig. 8 BAC der zu theilende Winkel. Man vervollständige das Parallelogramm $ABCD$ und verlängere die Seite CD unbestimmt, so ist leicht einzusehen, dass die Aufgabe gelöst ist, wenn es gelingt, AGF so zu ziehen, dass die Strecke $GF = 2\,AC$ wird. Denn dann ist $\angle AFC$ oder $\angle BAG = \frac{1}{3} \angle BAC$. Diess erreicht man aber mittelst der Konchoide über der Axe BC, mit dem Pol A und dem Parameter $2\,AC$.

Die Konchoide konstruirte Nikomedes vermittelst des Instrumentes in Fig. 0. AB ist die Axe derselben, P der feste Punkt (Pol) und $CD = EF$ die konstante Strecke (Parameter). Der Punkt D beschreibt in stetiger Bewegung die Konchoide.

Wir schliessen das Jahrhundert der grossen Mathematiker mit **Apollonios**, dem würdigen Nachfolger eines Euklid und Archimedes. Dieser „grosse Geometer" wie ihn das Alterthum nannte, wurde um's Jahr 240 v. Chr. zu Perga in Pamphylien geboren. Er machte seine Studien zu Alexandrien unter den Schülern Euklides'; seine Blüthezeit fällt in die Regierung des Ptolemäos Philopator um's Jahr 200 v. Chr. Seinen Charakter stellt uns Pappos (*Coll. Math. Lib. VII.*) nicht im besten Lichte dar. Er schildert uns denselben stolz, eitel, eifersüchtig auf die Verdienste Anderer. Allein da wir sonst von keiner Seite her etwas Näheres über sein Leben erfahren haben, so können wir nicht mit Sicherheit ein Urtheil fällen.

Wie des Euklides Elemente, so haben des Apollonios Kegelschnitte ihres Verfassers Namen für alle Zeiten neben die der grössten Geometer gestellt. Dieses Werk setzte der Entwicklung der griechischen Geometrie die Krone auf, es enthält die letzte und höchste Stufe des geometrischen Wissens der Alten. Was nach Apollonios geleistet wurde, waren nur die unmittelbaren Ausflüsse seiner eigenen Schöpfungen; sein Genius hielt gleichsam die Flügel der kommenden Geister gefesselt, sie vermochten sich nicht zu höherer Vollkommenheit emporzuschwingen.

Das Werk enthält in acht Büchern eine erschöpfende Darstellung des gesammten Gebietes der Kegelschnitte. Die vier ersten Bücher umfassen die Elemente oder das, was vor Apollonios schon bekannt war, die vier letzten meistentheils des grossen Mathematikers eigene Erfindungen. Es lässt sich der Character der apollonischen Behandlungsweise mit kurzen Worten darlegen; sie kennzeichnet sich hauptsächlich durch drei Vorzüge: durch die ausgezeichnete, systematische Anordnung des Stoffes, durch die konsequente Festhaltung des einen Gesichtspunktes, von dem aus das Ganze aufgefasst ist und durch die Anwendung der analytischen Methode. Besonders zeichnet sich in dieser Hinsicht das fünfte Buch aus. Dasselbe handelt über die kürzesten und längsten Linien, die von einem Punkte aus an einen Kegelschnitt gezogen werden können und berücksichtigt dabei die verschiedensten Fälle, doch mit der Beschränkung, dass der gegebene Punkt entweder auf dem Umfang oder auf einer der Axen des Kegelschnittes liegt. Ich führe hier als ein Beispiel den 20. Satz des 5. Buches nach der Halley'schen Bearbeitung an:

Wenn auf der kleinen Axe einer Ellipse von einem Scheitel aus nach innen zu ein Stück abgeschnitten wird, das kleiner als der halbe Parameter, aber grösser als die halbe Axe ist, so ist unter den Linien, die von dem so erhaltenen Punkte an den Umfang gezogen werden, die längste diejenige, deren Endpunktsordinate die Axe zwischen dem erwähnten Scheitel und dem Mittelpunkt so trifft, dass das Stück vom Fusspunkt derselben bis zum Mittelpunkt zu demjenigen von demselben Fusspunkt bis zum Ausgangspunkt der Linien sich verhält, wie die kleine Axe zum zugehörigen Parameter.

Beweis. Es sei in Fig. 10 eine Ellipse mit der kleinen Axe RA, dem zugehörigen halben Parameter AL gegeben und auf RA ein Punkt O so angenommen, dass OA grösser als AC, aber kleiner als AL ist, und zwischen C und A ein Punkt B bestimmt, so dass $OB : BC = AL : AC$, in B die Ordinate BD und ausserdem von O die Linien OE in dem Raum DOA und OG, OH in dem Raum DOR und zwar erstere senkrecht zu RA an den Umfang gezogen, so ist, wenn EJ, HW die Ordinaten von E und H sind, zu zeigen, dass:

$$OD > OE > OA \text{ und ebenso } > OG > OH \text{ sei.}$$

Man ziehe CL, welche mit der verlängerten BD in N zusammentrifft, ziehe NO und verlängere CN, ON, bis sie EJ in M, P, HW in X, Y treffen, nenne Z den Durchschnitt von ON mit AL, V den von CN mit GO, so ist, weil $OB : CB = AL : AC = BN : CB$, $OB = BN$ und daher:

1) $OD^2 = BD^2 + OB^2 = 2BN.LA^*) + 2 \triangle ONB$
   $= 2 ONLA.$
2) $OE^2 = EJ^2 + OJ^2 = 2.JMLA + 2 \triangle OJP$
   $= 2.ONLA - 2 \triangle NPM.$
3) $OA^2 = 2 \triangle OAZ = 2. ONLA - 2 \triangle NZL$
4) $OG^2 = 2 \triangle CAL - 2 \triangle COV.$
   $= 2.ONLA - 2 \triangle NOV.$
5) $OH^2 = HW^2 + OW^2 = 2 \triangle CAL - 2 \triangle CXW + 2 \triangle YOW = 2.ONLA - 2 \triangle NXY.$

Aus diesen 5 Gleichungen ist zu ersehen, dass OD die längste unter den Linien OD, OE, OA, OG und OH ist, weil bei allen, ausgenommen OD, von dem Werthe $2.ONLA$ noch etwas subtrahirt ist und dass

$$OE > OA \text{ und } OG > OH \text{ ist, q. e. d.}$$

---

*) Wegen dem Satze, dass in einer Ellipse das Quadrat einer Ordinate sich verhält zu dem Rechteck aus den Abschnitten des Durchmessers wie der zugehörige Parameter zum Durchmesser.

Wie deutlich tritt hier der analytische Gang des Beweises hervor! Zuerst setzt Apollonius nach den Bedingungen des Lehrsatzes die geometrische Figur zusammen und zeigt dann, dass, wenn allen Forderungen des Theorems genügt ist, jene construirte Linie wirklich die längste ist. Diese strenge Eintheilung des Beweisganges zeigt sich bei allen Sätzen des ganzen Werkes mit grosser Consequenz: auf den Lehrsatz folgt die eigentliche Analysis desselben, dann die Construction und schliesslich der Beweis.

Das sechste Buch der Kegelschnitte enthält die Sätze über die Congruenz und Aehnlichkeit der Kegelschnitte und der Segmente derselben, besonders die verschiedenen Fälle der Aufgaben, in einem gegebenen geraden Kegel einen Kegelschnitt zu bestimmen, der einem gegebenen congruent ist.

Das siebente Buch behandelt einige ausgezeichnete Eigenschaften der Kegelschnitte, besonders in Bezug auf die Durchmesser und Axen, auf welche Sätze sich dann die Aufgaben des von Halley wiederhergestellten achten Buches basiren.

Apollonius hat sich auch mit dem Problem der Verdoppelung des Würfels beschäftigt und eine geometrische Lösung desselben gegeben, die uns Eutokios (*Comm. in Arch. Lib. II. de sphær et cyl.*) überliefert hat. Ich führe sie hier an, um eine vollständige Entwicklung dieses Problems im Alterthum wiederzugeben:

Es seien in Fig. 11 AB und AC die beiden gegebenen Geraden, zu denen die mittleren Proportionalen bestimmt werden sollen. Man construire das Rechteck $CABH$, halbire die Diagonale AH, verlängere AB und AC und beschreibe von G aus einen Kreis, der die verlängerten Geraden AB und AC so schneide, dass die Durchschnittspunkte D und E mit H in einer Geraden liegen, dann sind DB und CE die gesuchten mittleren Proportionalen.

Man ziehe noch die Diagonale BC, die Radien GD und GE und die Senkrechten GK und GL auf AC und AB.

Es ist nun: $AE.CE + KC^2 = KE^2$, was man leicht sieht, wenn man die Strecke AE in AC und CE auflöst.

Addirt man auf beiden Seiten GK^2, so erhält man:
$$AE.CE + GC^2 = GE^2.$$
Ebenso ist: $AD.DB + BG^2 = GD^2$.

Da nun $GC = BG$ und $GE = GD$ ist, so ist auch $AE.CE = AD.DB$, oder es besteht die Proportion:
$$AE : AD = DB : CE.$$
Man hat aber auch: $AE : AD = CE : CH = BH : BD$.

Hieraus folgt die continuirliche Proportion:
$$BH : BD = BD : CE = CE : CH \text{ oder}$$
$$AC : BD = BD : CE = CE : AB, \text{ q. e. d.}$$

Das Work des Apollonios hat bei den Griechen eine grosse Anzahl von Commentatoren gefunden, von denen die berühmtesten Hypatia, Eutokios und Pappos sind. Nur die beiden letzteren sind auf uns gekommen, zeigen sich aber des genialen Werkes keineswegs würdig. Der Commentar des Eutokios umfasst bloss die vier ersten Bücher, derjenige des Pappos besteht aus einer grossen Zahl von Lemmen oder Hülfssätzen, deren Zusammenhang mit den apollonischen Sätzen nichts weniger als ein organischer ist. Später haben dann die Araber das Werk des Apollonios vielfach übersetzt, worauf ich im V. Abschnitt zu sprechen komme.

Bis in die Mitte des 17. Jahrhunderts waren nur die vier ersten Bücher des Apollonios bekannt und die übrigen verloren geglaubt, bis Golius und Borelli, der erstere im Orient, der letztere in der mediceischen Bibliothek zu Florenz die arabischen Manuscripte des fünften, sechsten und siebenten Buches fanden, deren Uebersetzung durch den Orientalisten Abraham Ecchellensis mit Noten von Borelli im Jahr 1661 zu Florenz erschien. Schon vorher hatte der berühmte italienische Mathematiker Viviani versucht, das fünfte Buch der Kegelschnitte nach der noch erhaltenen Inhaltsangabe wiederherzustellen. Er veröffentlichte diese ausgezeichnete Arbeit unter dem Titel: *Dirinatio in quintum Apollonii conicorum librum. 1659*. Durch Viviani angeregt, unternahm der berühmte Engländer Halley die Ergänzung des grossen Werkes, indem er das wahrscheinlich für immer verlorene achte Buch nach den Angaben des Pappos über dasselbe und im ächten Geiste der apollonischen Methode wiederherstellte. Im Jahr 1710 gab dann Halley den ganzen Apollonios in acht Büchern heraus, die beste der vielen bis jetzt erschienenen Ausgaben.

Von den übrigen zahlreichen geometrischen Schriften des Apollonios ist uns nur diejenige περὶ τῆς τοῦ λόγου ἀποτομῆς „über die Theilung des Verhältnisses" erhalten geblieben. Halley hat dieselbe 1708 lateinisch publicirt. In derselben ist folgende Aufgabe in allen ihren verschiedenen Fällen behandelt: „Von einem ausserhalb zweier der Lage nach gegebenen geraden Linien, in der durch dieselben bestimmten Ebene liegenden Punkte eine gerade Linie zu ziehen, so dass die zwischen ihren Durchschnittspunkten mit jenen Linien und zweien in denselben gegebenen Punkten liegenden Segmente ein gegebenes Verhältniss zu einander haben." Die meisten seiner verloren gegangenen Abhandlungen sind von verschiedenen neuern Mathematikern nach den durch Pappos uns erhalten gebliebenen Inhaltsverzeichnissen wiederhergestellt worden. So die zwei Bücher „*de sectione determinata*" durch Snellius, „*de sectione spatii*" durch Halley, „*de tactionibus*" durch Vieta, „*de inclinationibus*" durch den Italiener Gethaldi und „*de locis planis*" durch Fermat und Simpson. — Alle diese Anstrengungen der ausgezeichnetsten Mathematiker neuerer

Zeit bilden den schönsten Beweis für die hohe Achtung,
die der grosse Geometer beim Wiederautleben der Wissenschaften genoss.

Das Zeitalter der drei Mathematiker, **Diokles**, **Hypsikles**
und **Serenos** ist nicht mit Bestimmtheit anzugeben; Montucla setzt die beiden letzteren unbestimmt in die ersten
vier, den ersteren in das fünfte Jahrhundert n. Chr. Er
begründet dies damit, dass Pappos bei seiner Uebersicht
über die Entwicklung des Problems der Verdoppelung des
Würfels die Lösung des Diokles nicht erwähnt; doch
kommt der Name Kissoide, welche Curve von Diokles
zum Zwecke jener Lösung erfunden wurde, einige Male in
seinen Collectiones vor (s. B. Lib. IV. prop. 30). Der beste
Beweis aber für das grössere Alter des Diokles ist die
mehrfache Erwähnung seiner Kissoide, in den „ἐξηγήσεοι
γεωμετρικαῖς" des Geminos, aus denen Prokles mehrere
Stellen anführt. Geminos lebte aber ungefähr 100 Jahre
v. Chr. Wir müssen daher das zweite Jahrhundert v. Chr.
als das Zeitalter des Diokles annehmen. — Eutokios
(*Comm. in Libr. II. Archim. de Sphaer. et cyl.*) gibt uns
die Lösung des Problems der Duplikation des Würfels
durch Diokles; wir führen dieselbe im Folgenden an:

Es seien in dem Kreis $AHEG$ (Fig. 12) die beiden gegebenen äusseren Proportionalen AC und CM auf zwei senkrecht zu einander stehende Durchmesser abgetragen. Man
ziehe AM und verlängere es unbestimmt. Dann handelt
es sich darum, die Linie EL so zu ziehen, dass die Abschnitte DN und NK einander gleich werden; in diesem
Falle sind BF und BE die mittleren Proportionalen zu den
Geraden AB und BD; also sind auch die mittleren Proportionalen zu den mit AB und BD im nämlichen Verhältniss
stehenden gegebenen Geraden AC und CM bestimmt. Denn
da $KN = ND$, so ist auch $KG = GF$ und daher $JC = CB$,
$AB = JE$ und $JK = BF$. Es verhält sich aber: $JE : JK$
$= BE : BD$; ebenso $JE : JK = JK : AJ$ und daher: JK

$AJ = BE : BD$. Hieraus ergibt sich die fortlaufende Proportion: $JE : JK = JK : AJ = BE : BD$ oder:
$AB : BF = BF : BE = BE : BD$. q. e. d.

Die Linie EL wird nun auf die verlangte Weise mit Hülfe der Kissoide EDG gezogen. Diese Curve hat die Eigenschaft, dass bei jeder von ihrem Scheitel E aus gezogenen Geraden der Abschnitt ED innerhalb der Curve gleich ist demjenigen LK zwischen dem Kreis und der Asymptote AL. — Diokles gelang es noch nicht, diese Curve durch einen einzigen stetigen Zug zu ziehen. Erst Newton hat in seiner „Arithmetica universalis" die mechanische Construction der Kissoide gegeben. — Der Geometer **Hypsikles** von Alexandrien lebte nach Heilbronner, Montucla u. A. zur Zeit des Ptolemæos, also Ende des zweiten Jahrhunderts n. Chr., nach Vossius und Delambre aber, denen auch Bretschneider beistimmt, um die Mitte des zweiten Jahrhunderts v. Chr. Die letzteren Schriftsteller schliessen diess aus seiner Schrift ἀναφορικός „über die Aufsteigungen der Gestirne", in welcher er die Aufgangszeiten der einzelnen Punkte der Ekliptik ohne Trigonometrie einfach vermittelst einer arithmetischen Progression bestimmen will, dabei aber sehr schlecht zum Ziele kommt. Hätte nun Hypsikles nach Ptolemæos gelebt, zu welcher Zeit die Trigonometrie, oder besser die Sehnenrechnung schon bedeutende Fortschritte gemacht hatte, so würde er wohl kaum jenen viel unsicherern und beschwerlichern Weg zur Lösung seiner Aufgabe gewählt haben. — Wie wir früher schon erwähnt haben, werden ihm gewöhnlich auch das 14. und 15. Buch des Euklides zugeschrieben, die über die Vergleichung der fünf regulären Körper handeln.

Der dritte der angeführten Mathematiker, **Serenos**, kann ebenfalls mit grösserer Sicherheit in das zweite Jahrhundert v. Chr. gesetzt werden, als, wie es durch Montucla geschieht, nach Christo. Seine beiden Schriften „über den

Schnitt des Cylinders und des Kegels durch die Spitze" können gleichsam als eine Ergänzung zu den Kegelschnitten des Apollonios betrachtet werden, was die meisten Schriftsteller bewogen hat, ihn unter die ersten Nachfolger des grossen Geometers einzureihen. Als ein weiterer Beleg für das grössere Alter dieses Mathematikers kann wohl auch der Umstand gelten, dass dessen Vaterstadt Antissa auf Lesbos schon 167 v. Chr. von den Römern zerstört und nach Plinius sogar dem Erdboden gleichgemacht worden ist. In seinen beiden genannten Schriften zeigt er, dass die Schnitte des Cylinders und des Kegels durch die Spitze ebenso gut Kegelschnitte seien, wie die gewöhnlichen Schnitte des Kegels. Er sucht ferner das grösste Dreieck zu bestimmen, das durch die Schnitte des Kegels durch die Spitze bestimmt wird. Commandinus hat den Serenos übersetzt und commentirt.

Rein unbegreiflich aber ist es, wie Montucla, der den Commentar des Proklos zum Euklides so oft citirt, den Geometer Perseus in das zweite Jahrhundert n. Chr. versetzt. Proklos führt nämlich eine Stelle des Geminos an, der den Perseus als den Erfinder der spirischen Curven bezeichnet. Nun lebte aber Geminos um's Jahr 100 v. Chr., wohin ihn auch Montucla setzt. Es ist also damit bewiesen, dass Montucla jene Stelle nicht gelesen hat, obgleich er sie anführt, sonst könnte er den Perseus nicht drei Jahrhunderte nach Geminos setzen. Bretschneider*) führt auch noch eine Stelle des Heron (de *curabilis geometr.*) an, worin die Spiren ebenfalls erwähnt werden, doch der Name Perseus nicht. Von Proclos vernehmen wir auch, was für eine Gattung von Curven diese Spiren sind. Es sind nämlich die Schnitte von Körpern, die durch die Rotation eines Kreises um eine in seiner Ebene liegende aber nicht mit einem Durchmesser zu-

---

*) Die Geometrie und die Geometer vor Euklides. 1870.

sammenfallende Gerade entstehen. Weitere Beachtung haben diese Curven im Alterthum nicht gefunden.

Der grossartigen Blüthoperiode der Geometrie im dritten Jahrhundert v. Chr. folgte um die Mitte des zweiten ein gewaltiger Aufschwung der Astronomie. Jetzt, da jene abstracte Wissenschaft den Höhepunkt ihrer Entwicklung erreicht hatte, bot sie den angewandten Disciplinen eine sichere wissenschaftliche Grundlage.

Der erste Astronom des Alterthums, der jene Errungenschaften auf dem Gebiete der Geometrie zum Fundamente seiner astronomischen Forschungen machte war **Hipparchos** von Nikaea in Bithynien, der in den Jahren 160—120 v. Chr. zu Alexandrien lehrte und beobachtete. In ihm verehren wir einen der ausserordentlichsten Männer des Alterthums, ja, wie Delambre sagt *(Astr. anc. I. 185)* „*le plus grand de tous dans les sciences, qui ne sont pas purement spéculatives et qui demandent qu'aux connaissances géométriques on réunisse des connaissances de faits particuliers et de phénomènes.*"

Seine grossen Verdienste um die Astronomie bestehen hauptsächlich in zwei Entdeckungen, die wir ihm verdanken, die Theorie der Sonnen- und Mondbahn und die der Präcession der Tag- und Nachtgleichen. Auf ersterem Gebiete ist er der Begründer der berühmten **epicyklischen** Theorie, die Jahrhunderte lang bis auf Kepler die Bewegung der Himmelskörper erklärt hat. Durch eine sorgfältigere Beobachtung der Unregelmässigkeiten der Sonnenbahn und durch Vergleichung derselben mit der Bewegung eines Punktes in einem excentrischen Kreise, kam **Hipparch** auf die Idee, die bisherigen centrischen Bahnen jener Himmelskörper durch excentrische zu ersetzen. Diese Bewegung in einem excentrischen Kreise bringt, wie Ptolomäos *(Almg. Lib. III.)* beweist, dieselbe Wirkung hervor, wie diejenige in einer Epicykel, d. h. in einem Kreise, dessen Mittelpunkt sich wiederum auf der Peripherie eines andern

Kreises bewegt. Die Theorie des Hipparch wird daher auch oft die epicyklische genannt, obschon erst Ptolemäos die Epicykel zur Erklärung der Planetenbahnen einführte, indem ihm hiezu ein blosser excentrischer Kreis nicht mehr genügte. Wenn gleich diese Theorie der himmlischen Bewegungen, wie wir jetzt wissen, eine falsche ist und daher auch vielfach von den Nachfolgern Keplers als eine phantastische Ausgeburt der speculativen Philosophie des Alterthums betrachtet wurde, so haben eben nur diese Kritiker im Vollgefühl ihrer nicht einmal durch eigene Kraft erlangten Ueberlegenheit die genialen Anstrengungen der Alten mit der Zeit und den Mitteln nicht in Einklang zu setzen verstanden. Wir aber können nicht umhin, die ausgezeichneten, epochemachenden Erfolge rühmend anzuerkennen, die die Berechnung der Sonnen-, Mond- und Planetenbahnen durch dieses epicyklische System erlangt hat. Die Vorherbestimmung der Örter dieser Himmelskörper, der Aequinoctien und Solstitien, der Finsternisse etc. hat dadurch un Genauigkeit in hohem Grade gewonnen und diess ist der wahre Werth, der praktische Nutzen dieser neuen Theorie; sie erklärte mit Befriedigung die Ungleichheiten der himmlischen Bewegungen, wenn sie auch den reellen Bahnen der Gestirne nicht so glücklich Genüge that.

Als Hipparch diese Theorie aufgestellt hatte, ging er an die Berechnung der Excentricität und des Apogäums. Er bemerkte, dass die Zeit vom Frühlingsaequinoctium zum Sommersolstitium $94^1/_2$ Tage, die von dem Sommersolstitium zum Herbstaequinoctium aber nur $92^1/_2$ Tage betrage und durch geschickte Combination dieser Beobachtungszeiten fand er die Excentricität der Sonnenbahn gleich $^1/_{24}$ ihres Radius und die Lage des Apogäums, der grössten Entfernung der Sonne von der Erde, $24^1/_2°$ vor dem Sommersolstitium, damals im Zeichen der Zwillinge.. Diese Bestimmungen setzten ihn in den Stand, die erste genauere Sonnentafel zu berechnen; zu diesem Zwecke aber fand er es nothwendig, die Länge des Jahres genauer zu fixiren. Aus der Vergleichung einer Beobachtung des Sommersolstitiums durch Aristarch mit der seinigen, fand er, dass die bisher angenommene Länge des Jahres zu 365¼^d um 5^m zu gross sei, bestimmte dieselbe daher zu 365^d 5^h 55^m, also nur um etwa 6^m zu gross.

Auch auf die Bewegung des Mondes suchte Hipparch seine neue Entdeckung anzuwenden. Er reüssirte hiebei insofern, als er wenigstens die grösste Ungleichheit des Mondes durch eine excentrische Bahn erklären konnte. Er bestimmte dann die Excentrizität derselben, ihre Neigung zur Ekliptik zu 5° und die Lage des Apogæums. Hierin aber bot sich Hipparch eine neue Schwierigkeit dar; er fand das Apogæum veränderlich. Durch Vergleichung von sechs Beobachtungen von Mondfinsternissen löste er diese Aufgabe und brachte so die Bewegungen des Mondes in Tafeln, wie er es für die der Sonne gethan hatte.

Ein anderes Verdienst des Hipparch ist seine Berechnung der Grösse und Entfernung der Himmelskörper, und zwar mit Hülfe der Parallaxe, d. h. des Winkels, unter welchem der Erdradius von einem Gestirn aus erscheint. Er beobachtete, dass die Summe der Parallaxen von Sonne und Mond gleich der Summe der scheinbaren Halbmesser der Sonne und des Schattenkegels der Erde in der Entfernung des Mondes ist, fand hieraus die Parallaxe der Sonne 3', die des Mondes 57' und hiernach die Entfernung des Mondes 59, die der Sonne 1200 Erdhalbmesser. Die Distanz des Mondes berechnete er also ziemlich richtig, diejenige der Sonne hingegen etwa zweimal zu klein. Man muss berücksichtigen, dass Winkelmessungen von wenigen Minuten für die damalige Zeit mit grossen Schwierigkeiten verbunden waren und dass man deswegen der Bestimmung Hipparchs volles Lob spenden darf.

Die Entdeckung der Præcession der Tag- und Nachtgleichen ist das unmittelbare Resultat der vollkommneren Beobachtungsmethoden Hipparch's. Eine so geringe Aenderung der Längen der Fixsterne, wie sie durch die Præcession des Frühlingspunktes bewirkt wird, erforderte eine fleissige und sorgfältige Beobachtung und Vergleichung von Sternpositionen. Aus den Angaben des Timocharis über die Lage des hellen Sternes, der Aehre der Jungfrau, verglichen mit seinen eigenen Beobachtungen, entdeckte er die Veränderung der Länge dieses Sternes um 2 Grad in einem Zeitraum von 150 Jahren. Diess brachte ihn natürlich auf den Gedanken, es möchten auch die übrigen Sterne einer solchen Aenderung unterworfen sein, was sich durch seine weiteren Beobachtungen auch bestätigte. Bei der blossen Existenz der Erscheinung aber blieb Hipparch nicht stehen; sein scharfer Geist erkannte auch, wie uns Ptolemaeos berichtet und wie uns der Titel seines verloren gegangenen Werkes beweist,*) den wahren Grund derselben in der Bewegung des Pols des Aequators um den ruhenden Pol der Ekliptik. Welch' grossen Einfluss diese Entdeckung der Præcession auf die Verification älterer astronomischer Beobachtungen und auf chronologische Untersuchungen ausgeübt hat, ist einleuchtend; Astronomie und Chronologie erhielten an ihr einen trefflichen, für ihre wissenschaftlichen Forschungen unentbehrlichen Regulator.

Auch die schwierige und mühsame Arbeit der Sternzählung wurde von Hipparch unternommen; sein Sternkatalog, der den spätern Untersuchungen des Ptolemæos zur Grundlage diente, enthält die Oerter von 1080 der hauptsächlichsten Fixsterne. Plinius spricht sich mit Bewunderung über dieses grossartige Unternehmen Hipparchs aus, wenn er sagt: *ausus rem etiam Deo improbam annumerare posteris stellas .... coelo in hæreditatem cunctis relicto.*

---

*) περὶ τῆς μετακινήσεως τῶν τροπικῶν καὶ ἰσημερινῶν βιβλία.

Zum Schlusse habe ich noch einige Worte über die literarischen Produkte Hipparchs hinzuzufügen. Nach Ptolemaeos und Pappos soll er eine grosse Zahl von Schriften verfasst haben, von denen aber leider nur eine einzige und zwar die unbedeutendste auf uns gekommen ist, nämlich ein Commentar zu des Aratos und Eudoxos Phoenomena: τῶν Ἀράτου καὶ Εὐδόξου φαινομένων ἐξηγήσεων βιβ. γ'. — Von den verloren gegangenen sind zu erwähnen die Schriften: „Ueber die Grösse und Distanz der Sonne und des Mondes", „über die monatliche Bewegung des Mondes", „über die Dauer des Monates", „über die Länge des Jahres" und die schon angeführte Abhandlung „über die Bewegung der Solstitial- und Aequinoctialpunkte." Was wir also über die Leistungen des grossen Astronomen wissen, haben wir nur indirekt durch Ptolemaeos, Plinius u. A. erfahren; besonders der erstere spricht in seinem Almagest oft und mit grosser Achtung von seinem genialen Vorgänger.

In dem langen Zeitraum von beinahe drei Jahrhunderten von Hipparch bis auf Ptolemaeos nennen uns die kulturgeschichtlichen Annalen eine grosse Reihe von Namen griechischer Mathematiker; aber auch nicht viel mehr als die Namen, ihre wissenschaftlichen Leistungen sind nur gering und tragen mit wenigen Ausnahmen den Stempel des allmäligen Verfalles griechischer Bildung an sich. Das römische Wesen, das damals schon anfing umgestaltend einzuwirken auf das hellenische Staats- und Geistesleben, verfehlte auch nicht, seinen Einfluss auf die Behandlungsweise der Mathematik merkbar zu machen; diese verlor immer mehr den Charakter einer rein theoretischen, selbstständigen Wissenschaft; das philosophisch-spekulative Interesse, das sie bis jetzt geleitet hatte, musste den praktischen Bedürfnissen des kriegerischen Römers weichen. Architektur, Kriegswissenschaft, Feldmesskunst und praktische Mechanik brauchten sie als unentbehrliche Hülfswissenschaft. — So treffen wir denn in diesem Zeitraum auf eine grosse Anzahl von Mechanikern und Ingenieuren und unter diesen allerdings auf einige der berühmtesten Männer des Alterthums, gleich ausgezeichnet in reiner und angewandter Mathematik.

Kurze Zeit nach Hipparch (nach Heilbronner u. And. vor demselben), oder als dessen Zeitgenosse, lebte zu Alexandrien der Mechaniker Ktesibies. Er war der Sohn eines Barbiers, trieb zuerst dasselbe Geschäft, schwang sich dann aber durch angestrengten Fleiss und Genialität zu hohem Ruhme empor. Der Zufall führte ihn bei Verrichtungen seines Berufes auf die Erfindung der Wasserorgel, deren Prinzip er dann auf die Konstruktion einer Wasseruhr anwandte. Er soll ebenfalls der Erfinder der Pumpen sein, worüber uns freilich die alten Schriftsteller und besonders Vitruvius, der in seiner Architektur (*Lib. IX. u. X.*) seine Maschinen beschreibt, nichts berichten.

Der genialste Mechaniker des Alterthums nach Archimedes war des Ktesibios Schüler Heron der Aeltere von Alexandrien. Seine Schriften, von denen noch einige auf uns gekommen sind, enthalten die schönsten Beweise seines grossen Talentes. Besonders geistreich sind seine Erfindungen von Wasseruhren und pneumatischen Maschinen, welch' letztere er in seinem Werke, betitelt: „Πνευματικά", beschrieben hat. Hinlänglich bekannt sind die heute noch nach ihm benannten, auf der Elasticität der Luft beruhenden Apparate, der Heronsball und der Heronsbrunnen. Ferner hat man von ihm eine Abhandlung über Construction und Maassverhältnisse der Handschleuder: „Χειροβαλλίστρας κατασκευή καὶ συμμετρία", und eine solche über die Hebewinde βαροῦλκον, in denen er das Prinzip dieser Maschinen nach richtigen mathematischen Grundsätzen erklärt. Leider sind seine Elemente der Mechanik und einige andere werthvolle Schriften verloren gegangen.

Um's Jahr 100 v. Chr. lebte der Mathematiker Geminos von Rhodos, einer der bedeutendsten mathematischen Schriftsteller jener Zeit. Wir haben von ihm noch eine Einleitung

in die Astronomie: εἰσαγωγὴ εἰς τὰ φαινόμενα, die einige
schätzbare Notizen für die Geschichte dieser Wissenschaft
enthält. Sein geometrisches Werk, das verloren gegangen, war
eine Darstellung der geschichtlichen Entwicklung der Spirallinien, Konchoide, Kissoide und anderer Curven; Proklos
citirt dasselbe oft in seinem Commentar zum Euklid, ebenso
Eutokios in demjenigen zu des Apollonios Kegelschnitten.
Etwas später als Geminos lebte der Mechaniker **Philon**
von Byzanz. Sein Hauptwerk: περὶ βελοποιικοῖς handelt über
die damaligen Schusswaffen (Katapulten). Als Geometer ist
er bekannt durch seine Lösung des Problems der Verdoppelung des Würfels, die uns Eutokios (*Comm. in Arch. II.
de sphaer. et cyl.*) aufbewahrt hat. Dieselbe ist übrigens
im Prinzip die nämliche wie die des Apollonios aus welchem Grunde wir sie hier übergehen.

Poseidonios, aus Apamea in Syrien gebürtig, ein Freund
des Cicero und des Pompejus, zeichnete sich in Astronomie und Geometrie aus. Cicero (*De natura Deor. L. II.*)
lobt ihn als den Erfinder einer Sphäre, mit der er die Bewegungen der Himmelskörper darstellte: „*sphaera, quam nuper
familiaris noster effecit Posidonius, cujus singulae conver-
siones idem efficiunt in sole et in luna et in quinque
stellis errantibus, quod efficitur in coelo singulis diebus et
noctibus.*" Nach Kleomedes, auf den wir unten zu sprechen
kommen, unternahm er auch eine Messung des Erdumfanges.
Aus der Vergleichung der Höhen eines Sternes zu Rhodos
und zu Alexandrien fand er denselben ungefähr 240,000
Stadien, also der Wahrheit schon etwas näher als Eratosthenes. — Von **Kleomedes** haben wir eine Schrift, betitelt:
„Κυκλικὴ θεωρία μετεώρων", die Kreistheorie der Himmelskörper. Dieselbe handelt in 2 Büchern über die Gestalt, Grösse
und Bewegung der Sonne, des Mondes und der Erde.

Der Aegypter **Sosigenes** ist berühmt durch seine auf
Befehl Julius Caesars unternommene Kalenderreformation.
Die Römer hatten bis dahin ein Jahr von 12 Monaten mit

abwechselnd 30 und 29 Tagen; je das 2. Jahr schoben sie einen Schaltmonat von abwechselnd 22 und 23 Tagen ein. Aber zur Zeit Cæsars (40 v. Chr.) war in der römischen Zeitrechnung in Bezug auf den Jahresanfang und die Feste eine grosse Verwirrung eingetreten, so dass der Diktator es für nothwendig fand, hierin Ordnung zu schaffen. Er berief zu diesem Zwecke den alexandrinischen Astronomen Sosigenes, der das Jahr zu 365¼ ᵈ bestimmte, in 11 Monate von abwechselnd 30 und 31 Tagen und einem zwölften zu 28 Tagen eintheilte und diesem letztern alle 4 Jahre einen Schalttag zugab. Diese Julianische Eintheilung des Jahres mit den römischen Namen der Monate ist bis auf unsere Zeit geblieben. Was die genauere Bestimmung der Jahreslänge und die dadurch nöthig gewordene Veränderung der Einschaltung betrifft, ist sie dann im 16. Jahrhundert durch die Gregorianische ersetzt worden; in einigen Ländern hat sie sich aber in ihrer ursprünglichen Form bis auf den heutigen Tag erhalten. — Sosigenes hat nach dem Zeugniss des Proklos eine Abhandlung geschrieben, unter dem Titel: „Περὶ τῶν ἀνελιττουσῶν" — über die Umdrehungen —, von der wir nicht mehr als den Titel kennen.

Von **Dionysiodoros** ist uns durch Eutokios (*Comm. in Arch. Lib. II. de sphaer. et cyl.*) eine Lösung des Problems, eine Kugel durch eine Ebene nach gegebenem Verhältniss zu theilen, aufbewahrt worden. Archimedes hatte diese Aufgabe zuerst gestellt (*De sphaer. et cyl. Lib. II.*), aber nicht vollständig gelöst, sondern nur auf eine gewisse Construction zurückgeführt. Ich gebe im Folgenden die geistreiche Lösung dieses Problems höherer Ordnung durch Dionysiodoros:

Es sei in Fig. 13 APB ein grösster Kreis der gegebenen Kugel mit dem Durchmesser AB. CD und DE seien die gegebenen Strecken, nach deren Verhältniss die Kugel durch eine auf AB senkrechte Ebene getheilt werden soll. Man verlängere den Durchmesser AB um die Strecke AF gleich dem Radius der Kugel, errichte in A senkrecht zu AB die Gerade AG als die vierte Proportionale zu CE, DE und AF, so dass die Proportion besteht: $CE : DE = AF : AG$. Man beschreibe dann über der Axe FB mit dem Parameter AG eine Parabel, so ist wegen der Eigenschaft dieser Curve ihre Ordinate AH die mittlere Proportionale zwischen AF und AG, oder $AH^2 = AF . AG$. Ferner beschreibe man durch den Punkt G zwischen den Asymptoten FB und BK eine Hyperbel, welche die Parabel in L schneide. LM senkrecht auf AB ist der verlangte Schnitt. Man ziehe schliesslich noch GN und LO parallel zu AB.

Nach der bekannten Eigenschaft der Hyperbel ist das Rechteck aus AG und GN gleich demjenigen aus ML und LO; oder $AG . AB = LM . MB$. Hieraus die Proportion:
$$AG : LM = MB : AB \text{ oder}$$
$$AG^2 : LM^2 = MB^2 : AB^2.$$
Da nun wegen der Parabel $LM^2 = AG . FM$, so erhält man, wenn man diesen Werth für LM^2 in die zweite Proportion einsetzt, die folgende:
$$AG : FM = MB^2 : AB^2.$$
Wie sich aber $MB^2 : AB^2$ verhält, so verhält sich der Kreis mit dem Radius MB zu demjenigen mit dem Radius AB. Daher verhalten sich diese beiden Kreise auch wie $AG : FM$. Aus der Auflösung dieser Proportion ergibt sich, dass der Kegel mit dem Kreise vom Radius AB zur Grundfläche und mit der Höhe AG gleich ist dem Kegel mit dem Kreise vom Radius MB zur Grundfläche und der Höhe FM. Da Kegel mit gleicher Grundfläche sich verhalten wie ihre Höhen, so verhält sich der Kegel mit dem Kreise vom Radius AB zur Grundfläche und der Höhe AF zum Kegel mit der nämlichen Grundfläche, aber der Höhe AG, wie $AF : AG$, d. h. wie $CE : DE$. Es verhält sich daher auch der Kegel mit dem Kreise vom Radius AB zur Grundfläche und der Höhe AF zum Kegel mit dem Kreise vom Radius MB zur Grundfläche und der Höhe FM wie $CE : DE$. Der erstere dieser Kegel ist aber, wie leicht einzusehen, an Inhalt gleich unserer

Kugel, denn seine Grundfläche ist ein grösster Kreis und seine Höhe der Radius der Kugel. Der zweite Kegel aber ist, wie wir gerade nachher zeigen wollen, gleich dem grösseren der gesuchten Kugelabschnitte. Es verhält sich daher die ganze Kugel zum grösseren Abschnitte wie $CE : DE$, daher die beiden Abschnitte, der grössere zum kleinern, wie $DE : CD$, q. e. d.

Dass der Kegel von der Grundfläche des Kreises vom Radius MB und der Höhe FM gleich sei dem grösseren Kugelabschnitte von der Höhe MB, zeigt Dionysiodor auf folgende Weise. Archimedes beweist den Satz, dass der grössere Kugelschnitt gleich sei einem Kegel von der nämlichen Basis wie der Schnitt und der Höhe x, die durch die Proportion bestimmt ist: $FM : x = MA : MB$. Da nun $PM^2 = AM . MB$, so haben wir die Proportion:

$$MB . AM : MB^2 = PM^2 : MB^2 \text{ oder:}$$
$$AM : MB = PM^2 : MB^2 = FM : x.$$

Oder da sich die Kreise mit den Radien PM und MB verhalten wie $FM : x$, so ist der Kegel mit dem Kreise vom Radius PM zur Grundfläche und der Höhe x, oder nach Archimedes der grössere Kugelabschnitt, gleich dem Kegel mit dem Kreise vom Radius MB zur Grundfläche und der Höhe FM, q. e. d. —

Der Mathematiker **Theodosios**, nach Einigen von Bithynien, nach Andern von Tripolis in Afrika gebürtig, und zur Zeit des ersten Triumvirats lebend, machte sich rühmlichst bekannt durch seine Schrift: $\Sigma \varphi \alpha \iota \rho \iota \varkappa \tilde{\omega} \nu \, \beta\iota\beta. \, \gamma'$. — Drei Bücher über sphärische Astronomie — : eine geometrische Darstellung der himmlischen Erscheinungen. Schon die griechischen Mathematiker, wie Pappos, Proklos u. And. sprachen sehr anerkennend von diesem Werke; später übersetzten es die Araber in ihre Sprache, von denen es im Anfang des XVI. Jahrhunderts auf uns gekommen ist.

Hiemit schliessen wir die Geschichte der Blüthezeit der alexandrinischen Schule. Wenn auch in späterer Zeit noch bisweilen einige ausgezeichnete Geister mit ihrem Lichte den düstern Horizont zu durchdringen vermochten, so stehen dieselben doch mehr vereinzelt da, nicht zu jener grossen, ununterbrochenen Kette griechischer Gelehrten gehörend, an die sich Jahrhunderte lang die Bildung und Civilisation dieses Volkes geknüpft hat. — Zwei Faktoren sind es hauptsächlich, die dem kühnen Fortschreiten hellenischer Cultur und Wissenschaft den Todesstoss gegeben haben: vor Allem natürlich der innere Zerfall des Reiches und der Verlust der politischen Freiheit durch das Schwert der welterobernden Römer; gewiss aber auch, besonders was den Einfluss auf die Wissenschaften betrifft, das Christenthum. Wer wollte es läugnen, dass diese neue Religion des Mysticismus und des Wunderglaubens, der Ascetik und des Mönchthums auf die nüchtern-realistische Richtung der griechischen Wissenschaften und auf die heitere Lebensphilosophie dieses Volkes nicht eine bedeutende Reaktion ausgeübt hätte. Immer mehr und mehr erlosch der Glanz des einst so blühenden hellenischen Geisteslebens; an die Stelle der gelehrten griechischen Schulen traten die verschiedensten religiösen Sekten. Wissenschaftliche Disputationen mussten theologischen Zänkereien weichen; der Dogmatismus verdrängte die alte Philosophie und beherrschte sie Jahrhunderte lang, bis erst wieder eine radikale Reinigung der christlichen Religion auch der wahren Wissenschaft zum dauernden Siege verhalf.

IV.

Es ist der Beachtung werth, dass die bedeutenderen Mathematiker der späteren alexandrinischen Schule in die Regierungsperiode der besseren römischen Kaiser fielen. Es war dieses gleichsam ein zeitweiliges Aufflackern des griechischen Geistes unter der nur spärlich durchbrochenen Hülle des römischen Despotismus hervor. So öde und trostlos uns daher in der Kulturgeschichte das Jahrhundert der grässlichsten Tyrannei, das Zeitalter eines Nero und Caligula entgegentritt, um so herrlicher und erhebender leuchtet die Regierung der Hadriane und der Antonine noch einmal aus der immer tiefer über die Menschheit sinkenden Nacht empor. — Zur Zeit dieser ausgezeichneten Kaiser lebte und wirkte der grösste Astronom des Alterthums, Klaudios Ptolemaeos. Bevor ich aber näher auf diesen berühmten Mann eintrete, muss ich noch zwei seiner unmittelbaren Vorgänger erwähnen, **Menelaos** von Alexandrien und **Theon** von Smyrna. Beide lebten um das Jahr 100 n. Chr. Ptolemaeos lobt sie als vorzügliche Astronomen und benutzt einige ihrer Beobachtungen. Der erstere schrieb ein Werk „über die sphärische Astronomie" in 3 Büchern, das noch vorhanden, und ein solches „über die Sehnen" in 6 Büchern, das verloren gegangen ist. Das letztere war wahrscheinlich eine trigonometrische Abhandlung, eine Anleitung zur Construktion trigonometrischer Tafeln, wie sie nach dem Zeugniss des Theon von Alexandrien schon Hipparch verfasst und bei seinen astronomischen Berechnungen angewandt haben soll. Und in der That finden wir in Hipparchs Schriften schon die Anwendung der Sehnenverhältnisse für die Winkelgrössen bis zu einem gewissen Grade durchgeführt. Es sind dies also die ersten Spuren der Trigonometrie bei den Griechen, und wir verdanken diesem Volke jene folgenreiche Erfindung; allein erst die Araber gaben ihr ihre heutige Form und Ausbildung. — Theon von Smyrna verfasste eine Schrift, betitelt: „περὶ τῶν κατὰ μαθηματικὴν χρησίμων εἰς τὴν τοῦ Πλάτωνος ἀνάγνωσιν" — über das, was beim Lesen von Platons Schriften in mathematischer Beziehung nützlich ist —, welche über Geometrie, Astronomie, Arithmetik und Musik handelt.

Klaudios Ptolemæos wurde nach Einigen zu Ptolemaïs, nach Andern zu Pelusium in Aegypten geboren. Seine Wirksamkeit zu Alexandrien fällt in die Jahre 125—160 n. Chr. Hier war es, wo er das grosse Werk schrieb, das, wie kaum ein zweites des Alterthums, die Bewunderung der Nachwelt auf sich gezogen hat. Seine Μεγάλη σύνταξις oder „die grosse Zusammenstellung", von den Arabern später „Almagest" genannt, enthält das gesammte astronomische Wissen der Alten und bildet ein glänzendes Denkmal des allumfassenden Geistes seines Verfassers. Es ersetzt uns die vielen Lücken, die die Entwicklungsgeschichte der griechischen Astronomie vor Ptolemæos dem heutigen Forscher weist; besonders lässt es uns den Verlust verschmerzen, der durch die verloren gegangenen Werke des grossen Hipparch der Geschichte der Astronomie erstanden ist, indem Ptolemäos mit Scharfsinn, Ausführlichkeit und Genauigkeit die grossartigen Entdeckungen auseinandersetzt, die diese Wissenschaft seinem genialen Vorgänger verdankt. Der eigentliche Gründer neuer, epochemachender Theorien ist Ptolemaeos nicht; seine vielfältigen Verbesserungen und Erklärungen knüpfen sich fast einzig an die weitere Ausdehnung der durch Hipparch zuerst aufgestellten epicyklischen Theorie; sein unsterbliches Verdienst aber bleibt es immerhin, mit seinem Werke der Astronomie ein sicheres Fundament und einem astronomischen Systeme eine anderthalbtausendjährige ungestörte Herrschaft verliehen zu haben.

Der Almagest ist in dreizehn Bücher getheilt. Im ersten spricht Ptolemaeos zuerst von der Gestalt und Bewegung des Weltalls und der Lage der Erde im Mittelpunkt desselben. Für die Ruhe der Erde gibt er die Gründe an, die schon Aristoteles aufgestellt hatte und die im Alterthum allgemein angenommen wurden. „Wenn die Erde, sagt er, nicht im Centrum der Welt in Ruhe wäre, so würde man nicht immer genau die Hälfte des Himmels sehen; bald würde man von zwei Sternen, die sich diametral gegenüberstehen, den einen, bald den andern über dem Horizonte sehen, bald alle beide zugleich. Die Pole des Himmels wären nicht unbeweglich und die Sterne würden bald grösser bald kleiner erscheinen, etc. Man sieht in diesen Schlüssen eben die Unzulänglichkeit der Begriffe der Alten von der Grösse des Weltgebäudes. Sie kannten die ungeheure Entfernung der Fixsterne nicht, sie konnten sich daher nicht zu der Anschauung erheben, dass eine Bewegung der Erde um ein Centrum unter solchen Umständen keine merkliche Parallaxe, d. h. keine beträchtliche Veränderung der Grösse und Lage der Fixsterne hervorzubringen vermöge. Die Vollkommenheit unsrer Instrumente hat heutzutage die Wirkung dieser Bewegung der Erde erkennen lassen; die praktischen Hülfsmittel der Alten waren zu diesem Zwecke noch zu schwach. — Ptolemaeos stellt dann im Weitern das Weltsystem auf, das seinen Namen erhalten und so viele Jahrhunderte lang bis auf Kopernikus die Zeit regiert hat. Die Erde wurde also als fester Mittelpunkt ins Centrum des Weltgebäudes gesetzt; um dieselbe bewegten sich in verschiedenen Sphären, aber alle um die gleiche Axe, die übrigen Himmelskörper in folgender Reihenfolge: Mond, Merkur, Venus, Sonne, Mars, Jupiter, Saturn und schliesslich die Fixsterne. — In der zweiten Hälfte des ersten Buches entwickelt dann Ptolemäos die zur Astronomie nothwendigen Prinzipien der ebenen und sphärischen Trigonometrie. Mit Hülfe einiger bekannter Lehrsätze über die dem Kreise eingeschriebenen Vielecke, worunter der jetzt noch den Namen des „ptolomaeischen" tragende der wichtigste ist, und indem er von den Seiten des eingeschriebenen Drei-, Vier-, Fünf-, Sechs- und Zehneckes ausgeht, berechnet er die Seiten aller übrigen Vielecke in Hundertzwanzigtheilen des Durchmessers, während er den Umfang in 360 ° eintheilt. Er stellt so eine Sehnentafel aller Bogen von 0—180° von 30 zu 30 Minuten auf, welche als die erste trigonometrische Tafel betrachtet werden muss.

Das zweite Buch enthält die unmittelbaren Anwendungen dieser Sehnenrechnung auf die Bestimmung der Schiefe der Ekliptik, der Grösse der Meridianbogen zwischen Ekliptik und Aequator und andere Theile der sphärischen Astronomie. Ptolemaeos bestimmte die Schiefe der Ekliptik zu 23° 51′ 20″.

Das dritte Buch handelt über die Länge des Jahres und über die Bewegung der Sonne. Erstere bestimmte er zu 365^d 5^h 55^m. Die Ungleichheiten der Sonne erklärte er wie Hipparch durch die Annahme eines excentrischen Kreises, mit einer Excentricität von $1/24$ des Radius.

Das vierte und fünfte Buch beschäftigen sich mit der Theorie des Mondes. Wie wir im III. Kapitel gesehen haben, erklärte Hipparch die erste Ungleichheit des Mondes, die sog. Mittelpunktsgleichung, durch den excentrischen Kreis. Ptolemäos gebührt der Ruhm der Entdeckung und Erklärung der zweiten durch die Lage des Mondes zur Sonne bewirkten Ungleichheit, der Evection. Um diese geometrisch zu deuten, verband er den für die erste Ungleichheit angenommenen excentrischen Kreis noch mit einer Epicykel, d. h. er liess den Mond sich in einem kleinen Kreise bewegen, dessen Mittelpunkt die grössere excentrische Bahn durchlief (Fig. 14). Durch richtige Combination der Geschwindigkeiten der beiden Bewegungen gelangte Ptolemaeos zu einer ihm genügend scheinenden Erklärung jener Unregelmässigkeiten.

Das sechste Buch hat zum Gegenstand die Finsternisse; das siebente und achte handelt über die Fixsterne. Besondere Aufmerksamkeit schenkt hier Ptolemaeos dem Vorrücken der Tag- und Nachtgleichen. Hipparch hatte, wie wir schon, die Praecession zu 2^0 in 150 Jahren bestimmt. Aus der Vergleichung der Beobachtungen Hipparchs mit den seinigen schloss Ptolemäos auf ein Vorrücken von 1^0 in 100 Jahren, was freilich noch weiter von der Wahrheit entfernt ist, als die Bestimmung Hipparchs.

Das fruchtbarste Feld seiner Thätigkeit ist seine Planetentheorie. Es handeln darüber die fünf letzten Bücher. Um die grossen Unregelmässigkeiten der Planetenbewegungen zu erklären, nimmt er wie beim Monde den excentrischen Kreis mit der Epicykel zu Hülfe. Der Umstand aber, dass die inneren Planeten, Mercur und Venus in ihren scheinbaren Bewegungen eine bedeutende Abweichung von denen der Äusseren, Mars, Jupiter und Saturn, zeigen, zwangen Ptolemaeos, verschiedene complicirte Aenderungen an dem epicyklischen Systeme zu versuchen, die den Werth desselben keineswegs erhöhen. Ich verzichte darauf, näher auf diese weitschweifigen Auseinandersetzungen des Ptolemaeos einzutreten.

Der Almagest gibt uns auch die Beschreibungen der hauptsächlichsten astronomischen Instrumente, die die Alten bei ihren Beobachtungen und Messungen anwandten. Vom Gnomon und Skaphium haben wir schon früher gesprochen. Die Armillen waren ein System von messingenen oder kupfernen Ringen, die die verschiedenen Kreise der Himmelskugel darstellten. Sie dienten zu verschiedenen Zwecken, zur Bestimmung der Länge und Breite eines Gestirns, zur Beobachtung der Aequinoctien und Solstitien, daher die Unterscheidung von Aequinoctial- und Solstitial-armillen. Schon Eratosthenes beobachtete mit Armillen, die im Porticus von Alexandrien bis auf Ptolemaeos gestanden haben sollen. — Die parallactischen Lineale

dienten zur Bestimmung der Parallaxe. Es waren diese drei Lineale in einer Ebene, von denen zwei die beiden gleichen Seiten eines gleichschenkligen Dreieckes bildeten, während das dritte, in Theile eingetheilt, als variable Sehne des von den beiden andern eingeschlossenen Winkels fungirte.
— Alle diese astronomischen Werkzeuge der Alten, mit einer gewissen Genauigkeit construirt, hätten denselben auch uns befriedigende Resultate liefern können, allein es mangelte ihnen vor Allem das Mittel, die Zeit genau zu messen. Ihre Wasser- und Sanduhren waren zu diesem Zwecke nicht hinreichend, und das andere Mittel, die Bestimmung der Sonnenhöhe während einer Beobachtung, war zu umständlich und zeitraubend. Und dennoch führten sie die Ausbildung der Astronomie auf jene bewunderungswürdige Höhe, die uns heute noch, wie keine andere geistige Production, die grösste Achtung vor dem Genius des Alterthums einzuflössen vermag.

Die Commentarien, Uebersetzungen und Ausgaben des Almagestes sind ausserordentlich zahlreich. Unter den Alten haben Theon von Alexandrien und Pappos ihn commentirt; das Werk des Theon ist vorhanden, geht aber nur bis zum eilften Buche (1538, Basel, griech. durch Simon Grynæus). Von dem Commentar des Pappos existirt nur noch ein kleines Stück über das fünfte Buch, das in die vorige Ausgabe aufgenommen ist.

Besonders aber haben die Araber vor allen Andern das Werk des Ptolemaeos hoch geschätzt. Der Chalife Almamun liess um das Jahr 827 den Almagest in's Arabische übersetzen. Die Mathematiker, die dieses vollzogen, waren der Araber Albazen ben Joseph und der Christ Sergius. Dieser Uebersetzung folgten eine Reihe anderer nach. — Dieses berühmte Buch des Alterthums ist auch eines der wenigen, die vor den christlichen Gelehrten des Abendlandes in der dunklen Zeit des scholastischen Mittelalters Gnade gefunden haben. Der Kaiser Friedrich II., der grosse Beschützer der Künste und Wissenschaften und Kenner der arabischen Sprache, liess den Almagest ins Lateinische übersetzen. Um die Mitte des 15. Jahrhunderts übertrug ihn Georg von Trapezunt aus dem Griechischen ins Lateinische, die erste nach dem griechischen Text gemachte Uebersetzung. Sie erschien zuerst im Druck 1541.

Ptolemaeos hat noch verschiedene andere astronomische Abhandlungen geschrieben, die aber alle vor dem Almagest weit in den Hintergrund treten. Dagegen verdient sein grosses Werk über die Geographie in 8 Büchern jenem an die Seite gestellt zu werden. Es ist dasselbe unstreitig eines der grössten literarischen Unternehmen des Alterthums. Es musste ein unermessliches Material gesammelt werden, um die Lage so vieler Orte in Länge und Breite mit einiger Genauigkeit angeben zu können. Seine geographischen Bestimmungen gehen bis 67° nördlicher und 16° südlicher Breite und erstrecken sich über 180 Längengrade. Das Werk enthält überdiess die Grundzüge der Kartenconstruktionslehre und der verschiedenen Projektionsmethoden zur ebenen Darstellung der Erdkugel. — Auch die Chronologie verdankt Ptolemäos ein schätzbares Werk: Seine Tafel der assyrischen, babylonischen, medischen, persischen und römischen Herrscher von Nabonassar (740 v. Chr.) bis auf seine Zeit ist für die Geschichtsforschung von hohem Werthe. — Ptolemaeos hat nach dem Zeugniss mehrerer Schriftsteller auch eine Optik geschrieben und darin nach Roger Bacon unter Anderem auch von der Erscheinung der astronomischen Refraction gesprochen. Er sagt an dieser Stelle, dass man sich täusche über den Ort der Gestirne am Horizonte und erklärt dieses durch eine verschiedene Durchsichtigkeit des Aethers. Das Werk ist leider nicht mehr vorhanden; doch lässt uns jene eine Stelle über die Refraction den Verlust desselben tief empfinden.

Wir haben mit Apollonios die Blüthezeit der Geometrie geschlossen, wir können in Bezug auf die Astronomie dasselbe von Ptolemaeos sagen. Um so grösser der Glanz war, den diese Männer um sich verbreiteten, desto schärfer und fühlbarer trat die Dunkelheit und Leere nach ihnen hervor. Bei diesem unaufhaltbaren Vorfalle der Geometrie und der Astronomie ist daher die Erscheinung um so merkwürdiger, dass diejenige mathematische Wissenschaft, die schon die alte pythagoräische Schule vor allen andern gepflegt hatte, erst jetzt nach 8 Jahrhunderten, in den letzten Zeiten des griechischen Culturlebens, zur eigentlichen Blüthe gelangte. Aber gleichwie ein leuchtender Stern ohne Trabanten, die von ihm Licht und Wärme empfangen, so steht Griechenlands grösster Arithmetiker unter seinem Volke vereinzelt da, unvermögend mit seinem Genius die sinkende Wissenschaft zu halten und andere Geister aus dem Schoosse jener Zeit zu erwecken. Ich meine Diophantos von Alexandrien, den Erfinder der Algebra, jener mathematischen Disciplin, die alle andern gemeinsam umfasst und ohne welche die Mathematik niemals die Höhe erreicht haben würde, auf welcher sie jetzt steht.

Bevor ich aber auf Diophantos zu sprechen komme, muss ich noch kurz einige seiner Vorgänger erwähnen. Um die Mitte des dritten Jahrhunderts n. Chr. lebte der berühmte **Porphyrios**, der auch über Mathematik geschrieben hat. Es existirt von ihm ein Werk: „$Εἰσαγωγὴ$ $εἰς$ $τὴν$ $ἀποτελεσματικὴν$ $Πτολεμαίου$" — Einleitung zu des Ptolemäos Werk über den Einfluss der Gestirne. Sein „Abriss der Arithmetik" und seine „Zahlenmysterien" sind verloren gegangen. — Der Prälat **Anatolios** von Alexandrien, Bischof von Laodicea in Syrien, lebte gegen das Ende des dritten Jahrhunderts. Er schrieb zehn Bücher über Arithmetik, die aber nicht mehr vorhanden sind. Dagegen haben wir noch seine Abhandlung „*de cyclo paschale*", worin er die Meton'sche Zeitrechnung auf die Regulirung des christlichen Kalenders anwenden will. — Der bedeutendste aber dieser Vorgänger des Diophantos auf dem Gebiete der Arithmetik ist **Nikomachos** von Gerasa, einer Stadt an der Grenze von Persa und Arabien. Sein Zeitalter ist nicht genau anzugeben. Viele setzen ihn in die Zeit des Kaisers Tiberius (Heilbronner), Andere sogar v. Chr., wieder Andere, wie Montucla, ans Ende des dritten Jahrhunderts n. Chr. Diese letztere Annahme scheint mir die grösste Wahrscheinlichkeit zu haben, weil er dadurch in die Nähe der beiden vorhin genannten Arithmetiker und des ihm nachfolgenden Diophantos gebracht wird und so das plötzliche Erscheinen dieses grossen Mathematikers und das rasche Wiederaufleben der Arithmetik durch eine vorbereitende Entwicklungsperiode etwas erklärlicher erscheinen würde. Nikomachos war ein eifriger Anhänger der pythagoräischen Philosophie, weshalb sich auch seine mathematischen Studien fast ausschliesslich auf die pythagoräische Zahlenlehre richteten. Seine beiden Hauptwerke, von denen das erstere noch vorhanden ist, waren: „$\mathring{A}\varrho\iota\vartheta$-$\mu\eta\tau\iota\kappa\tilde\eta\varsigma\ \varepsilon\iota\sigma\alpha\gamma\omega\jmath\tilde\eta\varsigma\ \beta\iota\mathcal{I}.\ \mathcal{I}^a$ — zwei Bücher Einleitung in die Arithmetik — u. „$\Theta\varepsilon o\lambda o\gamma o\acute\upsilon\mu\varepsilon\nu\alpha\ \mathring{\alpha}\varrho\iota\vartheta\mu\iota\tau\iota\kappa\tilde\eta\varsigma$" — Arithmetische Untersuchungen über Gott und göttliche Dinge. — Diese Schriften gehören zu den bedeutendsten des Alterthums, nicht sowohl ihres eigenen mathematischen Werthes wegen, als weil sie uns den besten Aufschluss geben über das Wesen der pythagoräischen Zahlenlehre. Dieselben haben denn auch im Alterthum schon grosse Beachtung gefunden und sind von verschiedenen Mathematikern, wie Jamblichos, Proklos, Philoponos u. And. commentirt worden; des ersteren Commentar ist noch vorhanden. Die Arithmetik des Römers Boëthius ist gleichsam nur eine Uebersetzung oder Nachbildung der Einleitung des Nikomachos. Diese arithmetischen Schriften des Alterthums haben aber für uns bedeutend von ihrem ursprünglichen Werthe verloren, indem wir wohl annehmen müssen, dass die alte arithmetische

Bezeichnungsweise derselben durch die spätern Abschreiber der Bequemlichkeit wegen durch die neueren Methoden ersetzt worden ist. So finden wir in den gedruckten Ausgaben meistentheils arabische Ziffern, und auch von denjenigen Rechnungen, in denen die Zahlen noch durch griechische Buchstaben dargestellt sind, wissen wir keineswegs mit Bestimmtheit, ob nichts an dem ursprünglichen Gang der Rechnung geändert worden sei. Die arithmetische Ausdrucksweise der Alten bleibt uns daher immer noch ziemlich unaufgeklärt, und es datirt von diesem Umstande her auch der Streit der Gelehrten über den Ursprung unserer jetzigen Zahlzeichen. Wie bekannt, wollten Einige aus einer Stelle des Boëthius auf den pythagoräischen Ursprung derselben schliessen; allein die Beweise, dass wir sie von den Arabern und diese von den Indiern haben, sind zu deutlich, als dass jene andre Ansicht grosse Wahrscheinlichkeit für sich in Anspruch nehmen könnte.

Diophantos von Alexandrien lebte unter der Regierung des Kaisers Julian, also um die Mitte des 4. Jahrhunderts. Sein epochemachendes Werk führt den Titel: „$\Pi\rho o\beta\lambda\eta\mu\acute{a}\tau\omega\nu\ \acute{a}\rho\iota\vartheta\mu\eta\tau\iota\varkappa\tilde{\omega}\nu\ \beta\iota\vartheta.\ \iota\gamma'$" — Dreizehn Bücher arithmetischer Probleme —, von denen aber nur sechs auf uns gekommen sind, nebst einer Abhandlung über die Polygonalzahlen: $\pi\epsilon\rho\grave{\iota}\ \tau\tilde{\omega}\nu\ \acute{a}\rho\iota\vartheta\mu\tilde{\omega}\nu\ \pi o\lambda\upsilon\gamma\acute{\omega}\nu\omega\nu$" als Anhang. Ich habe Diophant den Erfinder der Algebra genannt. Es ist freilich nicht erwiesen, ob er der erste war, der arithmetische Probleme auf algebraischem Wege löste und die Vollkommenheit seines Werkes könnte uns nur zu leicht auf eine andere Vermuthung führen. Aber man findet bei keinem griechischen Mathematiker vor ihm auch nur Andeutungen dieser Art, und was sein Werk anbetrifft, so finden wir darin im Anfange einige Stellen, in welchen er, wie es scheint, bis dahin unbekannte Ausdrücke und Begriffe erklärt. So definirt er zuerst eine Zahl als aus Einheiten derselben Art zusammengesetzt, gibt dann eine Erklärung des Quadrates, des Kubus einer Zahl und die Bezeichnung dieser Potenzen; ferner die der unbekannten Zahl und der Einheit der bekannten. In der Vorrede, in der er das Werk einem gewissen Dionysios widmet, empfiehlt er diesem das ernste Studium seines Buches, „quod negotium videbitur fortasse difficilius (quippe ignotum adhuc)." Aus diesem ist wenigstens ersichtlich, dass Diophant in seinem Werk etwas bis dahin Unbekanntes gelehrt haben muss. Ich werde im Folgenden etwas näher auf die Methode des Diophant, auf seine algebraische Bezeichnungsweise und auf die Art seiner Probleme eingehen.

Seine Bezeichnung der Zahlen durch die Buchstaben des Alphabetes ist nicht abweichend von der allgemein bei den Griechen gebräuchlichen, doch besteht der Unterschied, dass Diophant eine Zahl niemals allein setzt, sondern sie mit dem Zeichen μ^o (v. $μονάς$, Einheit) begleitet; so schreibt er für die bekannte Zahl 10 μ^o ι' (10 Einheiten), während er die Unbekannte einer Gleichung, die er $ἀριθμὸς\ ἄλογος$ oder einfach $ἀριθμὸς$ nennt, durch das Zeichen ς darstellt. Ihr Quadrat ($δύναμις$) wird bezeichnet durch δ^r; der Kubus ($κύβος$) durch x^v, die 4. Potenz ($δυναμοδύναμις$) mit $\delta\delta^r$ u. s. w. Das Pluszeichen drückt er gar nicht aus, das Minuszeichen war ⋔ (ein verkehrtes ψ) oder das griechische Wort $λεῖψις$; (die negative Einheit, von $λείπω$, zurücklassen). Wollte er also den Ausdruck: $x^3 - 5x^2 + 8x - 1$ wiedergeben, so brauchte er folgende Bezeichnung:

$$x^v.\ \alpha'\ ⋔\ \delta^r.\ \epsilon'\ \varsigma.\ \eta\ ⋔\ \mu^o.\ \alpha'.$$

Seine arithmetischen Probleme zerfallen in zwei Hauptarten, in solche, die durch bestimmte Gleichungen und in solche, die durch unbestimmte gelöst werden. Diophant geht in den sechs noch vorhandenen Büchern nicht über den ersten Grad hinaus; einige seiner Andeutungen lassen uns aber schliessen, dass er die Auflösung der Gleichungen II. Grades gekannt habe und er verspricht auch, sie später noch zu veröffentlichen. Sein Hauptverdienst ist unstreitig die Auflösung der unbestimmten Gleichungen, die auch heute noch nach ihm die Diophantischen genannt werden. Ich lasse unten zur Kenntniss seiner Methode je ein Beispiel einer bestimmten und einer unbestimmten Aufgabe folgen. Die wörtliche Uebersetzung der XII. Quaestio des I. Buches lautet folgendermassen:

Es wird verlangt, eine Zahl zwei Mal in zwei Theile zu theilen, so dass der eine Theil der ersten Theilung zu dem entsprechenden der zweiten Theilung ein gegebenes Verhältniss habe und ebenso der übrige Theil der zweiten Theilung zu dem andern der ersten in einem gegebenen Verhältniss stehe. Es sei die Zahl 100 gegeben. Wir wollen sie zwei Mal so theilen, dass die grössere aus der ersten Theilung das Doppelte ist der kleineren aus der zweiten und die grössere aus der zweiten das Dreifache der kleineren aus der ersten Theilung. Die kleinere Zahl aus der zweiten Theilung sei x; also die grössere aus der ersten Theilung $2x$. Folglich ist die kleinere aus der ersten Theilung $100 - 2x$ und weil das Dreifache dieser die grössere aus der zweiten Theilung ist, so beträgt letztere $300 - 6x$. Es müssen nun die beiden Theile der zweiten Theilung zusammen 100 ausmachen; also $300 - 5x = 100$ und hieraus $x = 40$. Da wir die grössere aus der ersten Theilung $2x$ gesetzt haben, so ist sie also 80. Die kleinere aber derselben Theilung beträgt demnach $100 - 2x = 20$. Die grössere aus der zweiten Theilung fanden wir $300 - 6x$, was daher 60 ausmacht. Und endlich die kleinere aus der zweiten Theilung ist x selbst, also 40.

Wir können nicht umhin, hier den Commentar des Xylander zu dieser XII. Quaestio anzuführen; man sieht daraus, wie nichtssagend gewöhnlich die Erläuterungen älterer Commentatoren waren. Xylander bemerkt dazu einfach: Diophant hätte die Aufgabe auf vier Arten angreifen können, indem er jedes Stück jeder Theilung $= x$ hätte setzen können.

Die Quaestio XXVII. des IV. Buches heisst: Es sollen zwei Zahlen gefunden werden, deren Produkt zu jeder der beiden addirt, eine Cubiczahl ausmache. Ich setze die erste x, multiplicirt mit irgend einer Cubiczahl, z. B. $8x$; nun muss ich die zweite $x^2 - 1$ setzen, dann wird die eine Forderung erfüllt sein; denn das Produkt der beiden ist $8x^3 - 8x$, dazu die erste Zahl $8x$ addirt, gibt $8x^3$, also eine Cubiczahl. Es soll nun auch dasselbe Produkt zur zweiten Zahl addirt eine Cubiczahl ausmachen; d. h. es soll $8x^3 + x^2 - 8x - 1$ ein Cubus sein. Ich setze sie also gleich $(2x-1)^3 = 8x^3 - 12x^2 + 6x - 1$. Diese beiden Ausdrücke einander gleichgesetzt, gibt für $x = \frac{14}{13}$. Also ist die erste Zahl $8 \cdot \frac{14}{13} = \frac{112}{13}$ und die zweite $\left(\frac{14}{13}\right)^2 - 1 = \frac{27}{169}$.

Diese Aufgabe gehört in das Gebiet der unbestimmten; denn sie hat unzählig viele Lösungen. Man kann nämlich der ersten Zahl jeden beliebigen Werth ax beilegen, nur muss dann die zweite die Form haben $bx^2 - 1$, und das b so gewählt sein, dass $a \cdot b$ eine Cubiczahl ist. Noch ist zu berücksichtigen, dass a immer grösser oder gleich b sein muss, sonst resultirt für die erste Zahl 1, für die zweite 0. Die Cubiczahl, der der Ausdruck dritten Grades gleichgesetzt wird, um x zu bestimmen, nimmt Diophant so an, dass die dritte Potenz und das bekannte Glied wegfallen, also nur noch ein Ausdruck von der Form: $mx^2 + nx = 0$ übrig bleibt, welcher sich nach Division mit x auf eine Gleichung ersten Grades reducirt.

Vergleichen wir die übrigen unbestimmten Probleme Diophants mit diesem, so finden wir bei allen die Lösung auf dem gleichen Principe beruhend, nämlich auf der Ergänzung eines algebraischen Ausdruckes zu einer vollständigen Potenz. Warum aber gerade die unbestimmten Aufgaben sich bei Diophant und auch nach ihm bis zum Wiederaufleben der Wissenschaften einer grösseren Aufmerksamkeit erfreut haben, als die bestimmten, hat seinen Grund darin, dass bei ersteren die damals noch so unklaren Begriffe der negativen, irrationalen und imaginairen Grössen eher vermieden werden konnten als bei letzteren; man suchte bei jenen eben nur diejenigen Werthe heraus, die sich mit den damaligen Vorstellungen von Zahlengrössen vertrugen. Hieraus bildete sich denn auch naturgemäss jene Auflösungsmethode unbestimmter Gleichungen, die übrigens später, wie wir sehen werden, auch noch von Cardan und Anderen zur Auflösung quadratischer und cubischer Gleichungen angewandt wurde.

Aus solchen Aufgaben der mannigfaltigsten Art besteht nun das Werk des Diophantos, so weit wir es kennen. Das sechste Buch enthält einige Anwendungen der Algebra auf die Geometrie, die ersten Anfänge jener so grossartigen und erfolgreichen Umgestaltung, die die Wissenschaft in der Vereinigung dieser beiden Disciplinen durch Vieta's und Descartes' geistreiche Bemühungen erfahren hat. — Das fünfte Buch enthält eine Reihe von Epigrammen arithmetischen Inhalts von ältern Mathematikern, in Hexameter gesetzt, bei den Alten eine beliebte Art, Aufgaben zu stellen. Als ein Beispiel solcher Epigramme werde ich die von einem griechischen Dichter auf Diophant gemachte Grabschrift anführen, die Bachet de Meziriac aus der griechischen Anthologie in seine lateinische Uebersetzung des Diophant aufgenommen hat:

"*Hic Diophantus habet tumulum, qui tempora vitae*
    Illius mira denotat arte tibi.
Egit sextantem juvenis, lanugine malas
    Vestire hinc coepit parte duodecima.
Septante uxori post haec sociatur, et anno
    Formosus quinto nascitur inde puer.
Nemissem aetatis postquam attigit ille paternae,
    Infelix subita morte peremptus obit.
Quatuor aestates genitor lugere superstes
    Cogitur; hinc annos illius assequere."

Der Dichter gibt also in dieser Grabschrift die Aufgabe, das Alter des Diophant aus den Angaben zu berechnen. Nach diesen bringt er einen Sechstel des Lebens im Knabenalter zu, einen Zwölftel als Jüngling und nachdem er noch einen Siebentel durchlebt, verheirathet er sich und erhält im fünften Jahre der Ehe einen Sohn; dieser wird ihm durch den Tod entrissen, nachdem er die Hälfte des väterlichen Alters erreicht hatte. Der Vater überlebte ihn noch vier Jahre.

Hieraus folgt die Gleichung:
$$\frac{1}{6}x + \frac{1}{12}x + \frac{1}{7}x + 5 + \frac{1}{2}x + 4 = x$$
und daraus $x = 84$.

Diophant starb also im Alter von 84 Jahren. Sein Werk wurde mehrfach commentirt. Der berühmteste Commentar des Alterthums, der leider verloren gegangen, ist der der gelehrten Tochter Theons von Alexandrien, Hypatia, auf die wir weiter unten zurückkommen werden. Um die Mitte des 13. Jahrhunderts gab der Mönch Maximus Planudes die sechs noch vorhandenen Bücher des Diophant nebst dem siebenten „über die Polygonalzahlen" mit Noten versehen, heraus. Xylander übersetzte diese Ausgabe in's Lateinische und gab sie 1575 im Druck heraus. Diese Uebersetzung ist aber sehr schwach, da Xylander in Mathematik sehr wenig bewandert war. Der oben schon angeführte Franzose Bachet de Meziriac gab 1020 eine neue heraus, in griechischem und lateinischem Text, mit trefflichen Noten versehen. Diese Ausgabe wurde 1070 durch Fermat erneuert, der sie mit seinen eigenen algebraischen Untersuchungen und Erfindungen ausstattete. — Es ist bedauernswerth, dass solche Werke in neuerer Zeit der Vergessenheit anheimgefallen sind, oder wenigstens, da sie in todter Sprache geschrieben, fast nicht mehr gelesen werden. Sie würden unendlich viel beitragen, nicht nur zur Kenntniss der Mathematik der Alten, sondern auch zur Entwicklungsgeschichte der Wissenschaft bis auf den Zeit-

punkt ihrer Herausgabe. Gerade der Commentar eines
Fermat würde die Mühe einer Uebersetzung in neuere
Sprachen reichlich lohnen. Aber heutzutage begnügt man
sich eben mit dem hohen Stande der Wissenschaft, unbe-
kümmert um den Weg und die Mittel, mit Hülfe deren
diese grossartigen Resultate erreicht worden sind.
Wir verlassen den letzten grossen Mathematiker des
Alterthums, um noch kurz die leisen Spuren zu berühren,
die die griechische Cultur bei ihrem Scheiden diesem dunklen
Zeitalter hinterlassen.

Wir treffen zuerst auf die beiden Mathematiker **Pappos**
und **Theon** von Alexandrien. Der erstere ist unstreitig
einer bessern Zeit würdig. Seine „συναγωγαὶ μαϑηματικαί"
— *collectiones mathematicae* — sind eine geistreiche Sammlung der seltensten und schönsten Erfindungen hervorra-
gender Mathematiker hauptsächlich auf dem Gebiete der
höhern Geometrie; sie enthalten für die Kenntniss der
alten Methoden und der geschichtlichen Entwicklung der
Mathematik zahlreiche schätzbare Angaben. Besonders sind
darin die interessanteren Eigenschaften der Kegelschnitte,
der Konchoide, der Quadratrix, der Spiralen und anderer
Curven behandelt; dann eine Uebersicht über die Entwicklung der Probleme der Verdoppelung des Würfels und der
Trisection des Winkels gegeben, der er am Ende seine
eigene Lösung des erstern Problems anschliesst; dieselbe
ist im Principe nicht von der des Diokles verschieden,
weshalb wir unterlassen, sie hier wiederzugeben. In den
letzten Büchern geht Pappos auf Sätze der Isoperimetrie
und der Mechanik über. Ihm war auch schon der Satz bekannt, der heutzutage das Fundament der neuern Geometrie
bildet, dass nämlich das sogenannte anharmonische Verhältniss der vier Strecken einer durch vier von einem Punkt
ausgehenden Strahlen geschnittenen Transversale das gleiche
bleibt, wie auch diese Transversale ihre Lage ändern mag.
— Auch die bekannte Regel der Mechanik, die heute nach

einem neueren Erfinder, der, zu seiner Ehre gesagt, von dem Satze des Pappos noch nichts wusste, die Guldinische genannt wird, findet sich schon in den *Collectiones mathematicae*. Pappos drückt sie folgendermassen aus: „Die Figuren, die durch Rotation einer Linie oder einer Fläche um eine Axe erzeugt werden, stehen in zusammengesetzten Verhältniss mit den Leitfiguren und der durch den Schwerpunkt dieser letzteren beschriebenen Wege."

Pappos hat auch einen Commentar zu den vier ersten Büchern der Syntaxis des Ptolomäos geschrieben, der aber nicht mehr vorhanden. Hingegen ist derjenige seines Zeitgenossen Theon auf uns gekommen, bis jetzt aber nur in griechischer Ausgabe vorhanden, obgleich es einer der ausgezeichnetsten und interessantesten Commentare des Alterthums ist. Theon's „Noten zu Euklid's Elementen" sind von Commandinus in seiner Ausgabe des Euklides aufgenommen worden.

Berühmter als der Vater ist die Tochter Theon's, Hypatia, sowohl durch ihre hohe Gelehrsamkeit in Mathematik und Kenntniss der griechischen Philosophie als durch ihr tragisches Ende. — Wie schon früher bemerkt worden, commentirte sie den Diophant sehr gelehrt, ebenso den Apollonios. Sie wurde bei einem Aufstand in grausamer Weise von den Christen getödtet, indem man sie für die Ursache des Streites hielt, der den Patriarch und den Gouverneur von Alexandrien schon lange entzweite. Sie ist gleichsam die letzte Repräsentantin des ächten Griechenthums, die letzte Priesterin der im fanatischen Christenthum untergehenden heidnischen Weisheit, die letzte Lehrerin der wahren, alt-platonischen Philosophie, das letzte Erscheinen der sterbenden Pallas.

Pappos, Theon und Hypatia lebten am Ende des 4. und am Anfang des 5. Jahrhunderts. Gegen die Mitte des 5. treffen wir zu Athen den Philosophen Proklos sehr bewandert in Mathematik. Sein hauptsächlichstes, für uns wichtigstes Werk ist sein Commentar zum ersten Buche des Euklid, das wir schon oft als historische Quelle angeführt haben; als mathematisches Werk hat es weniger Werth. Seine astronomischen Schriften, die meistens über die literarischen Erzeugnisse des Ptolomäos handeln, sind von noch geringerer Wichtigkeit.

Eutokios lebte zur Zeit des oströmischen Kaisers Justinian, um die Mitte des sechsten Jakrhunderts. Seine Commentare zu des Archimedes Bücher über die Kugel und den Cylinder und zu des Apollonios Kegelschnitten sind in vielen Beziehungen sehr schätzbar. Besonders gibt uns der Commentar zum zweiten Buche des Archimedes über die Kugel und den Cylinder, den wir schon oft citirt haben, eine vollständige Geschichte des Problems der Verdoppelung des Würfels und auch die übrigen Commentare enthalten viele geschichtliche Notizen.

Bevor ich die Geschichte der Mathematik im Alterthum schliesse, muss ich doch noch mit einigen Worten auf den Zustand dieser Wissenschaft bei demjenigen Volke zu sprechen kommen, das während vielen der durchlaufenen Jahrhunderte die physische Macht über alle Culturvölker des Alterthums innegehabt hat. Es ist allbekannt, dass in den meisten Wissenschaften die mächtigen Römer nur die Nachahmer der Griechen waren; aber in keiner tritt dieses Abhängigkeitsverhältniss schärfer hervor, als in der Mathematik. Die römische Dichtkunst hatte einen Horaz, einen Virgil, die Geschichtschreibung einen Cäsar und Tacitus, die Philosophie einen Cicero; aber die Mathematik hatte keinen römischen Archimedes, keinen Apollonios. Es war mir bis jetzt nicht vergönnt, einen Römer unter den Förderern der mathematischen Wissenschaften anzuführen; merkwürdig genug, dass der einzige, den ich nennen kann, unter dem Barbaren Theodorich, dem Ostgothenkönig lebte, als schon Rom's Selbständigkeit mehr als ein halbes Jahrhundert untergegangen war. Ich meine den Philosophen

Severinus Boëthius, allbekannt durch sein geniales Werk „Tröstungen der Philosophie", aber ebenso berühmt durch seine grossen Kenntnisse in den mathematischen Wissenschaften. Er schrieb eine Arithmetik nach des Nikomachos Muster in zwei Büchern, zwei Bücher über Geometrie und übersetzte das erste Buch Euklid's ins Lateinische. Nur die angewandten Disciplinen der Mathematik sind es, die bei den Römern eine höhere Bedeutung und Ausdehnung erlangt haben. In Kriegskunst, Architectur und Feldmesskunst treten uns einige berühmte Namen entgegen; allein der Zweck und der Raum meiner Schrift erlauben mir nicht, dieselben hier anzuführen. — Cicero drückt in seinen Tusculanischen Untersuchungen das Verhältniss der griechischen zur römischen Auffassung der Mathematik sehr bezeichnend aus, wenn er sagt: „*In summo honore apud Graecos geometria fuit; itaque nihil mathematicis illustrius; at nos ratiocinandi metiendique utilitate hujus artis terminavimus modum.*"

So bin ich denn bei jenem Zeitpunkte angelangt, da die Cultur des Alterthums dem Verhängniss erlag. Die innere Schwäche und Fäulniss des römischen Weltreiches selbst, der heftige Andrang der nordischen Völker und der neu erstandene Islam waren die Factoren, die, jeder für sich und insgesammt, zu diesem Ziele mitarbeiteten. Der erstere Umstand bewirkte die verderbliche Trennung des Reiches in zwei Hälften, das zweite Ereigniss gab dem weströmischen Reiche den Vernichtungsschlag und das letzte erschütterte gewaltig das oströmische Reich, obgleich es sich noch acht Jahrhunderte lang dem Andrang der asiatischen Völker entgegenstemmte. Im Jahre 640 eroberte der Chalife Omar Alexandrien, die alte Metropole griechischer Bildung und verbrannte[*]) die berühmte Bibliothek, in der die grossen

---

[*]) Ein Theil davon soll schon 391 von fanatischen Christen zerstört worden sein.

Schätze der Wissenschaft des Alterthums aufbewahrt lagen. Mit diesem barbarischen Acte, den Omar durch jene allbekannten Worte*) entschuldigt haben soll, schliesst sich die Culturgeschichte der alten Welt, um kurz nachher wieder ihre Fortsetzung in der desjenigen Volkes zu finden, das diesen Zug des Barbarismus vollführt. — Merkwürdige Fügung des Schicksals!

---

*) Wenn diese Bücher nur das enthalten, was im Koran steht, so sind sie unnütz; wenn sie etwas Anderes enthalten, so sind sie schädlich; sie sind desshalb in beiden Fällen zu verbrennen.

V.

Nicht die grossartigen Eroberungen in drei Welttheilen, nicht die Erfolge der Waffen und der Religion sind es, die den Ruhm der Araber ausmachen; die ausgezeichnete Pflege der Wissenschaften, die hohe Blüthe der gelehrten Schulen zu Bagdad, Damascus, Cordova etc. steht unendlich viel höher im Buche der Geschichte. Ob die colossalen Errungenschaften dieses Volkes durch das innerste Wesen seines Geistes und Characters bedingt waren, ist wohl zweifelhaft. Dass die glühende Phantasie und das lebhafte Temperament des Arabers ihren guten Theil daran haben, lässt sich nicht läugnen; allein die Ohnmacht seiner Gegner, der Stolz und der Fanatismus, die Prachtliebe und der Ehrgeiz seiner Herrscher sind die hauptsächlichsten Faktoren, die seine kurze aber hohe Blüthe und seinen schnellen Verfall bewirkten. Sie wollten in keiner Beziehung hinter jenen Nationen zurückbleiben, die ihnen an Macht so sehr unterlegen waren.

So sind denn auch die wissenschaftlichen Erfolge der Araber nicht ihr eigenthümliches Product, sondern ein blosses Insichaufnehmen griechischer Bildung; einzelne Zweige des Wissens fanden bei ihnen allerdings eine gründlichere Behandlung und bedeutende Erweiterung, so vor Allem die Astronomie, Medicin, Chemie, Grammatik etc., worin sie bald ihre Lehrmeister übertrafen. Allein diese geringere Selbständigkeit hindert uns keineswegs, die gewaltige Kraft des arabischen Geistes zu bewundern. Wenn man die

Begriffe von Wissenschaft und Kunst bei dieser Nation vor Mohammed vergleicht mit dem Standpunkt der Cultur zur Zeit Almamuns, so muss man wahrhaft erstaunen über die Schnelligkeit der Entwicklung. Kein Volk der Weltgeschichte hat die Phasen seines Lebens mit solcher Geschwindigkeit durcheilt; keines ist mit solcher Kraft aus dem Dunkel seiner Existenz hervorgebrochen, um nach kurzer, aber hoher Blüthe, nach grossartigen, dauernden Erfolgen wieder vom Schauplatz zu verschwinden.

Für die Entwicklungsgeschichte der Mathematik ist eine eingehendere Betrachtung des Zustandes der Wissenschaft bei diesem Volke von höchster Bedeutung, denn die Araber sind die Mittler, durch welche klassische Gelehrsamkeit dem christlichen Abendlande überliefert worden. Leider sind aber die hierauf bezüglichen Quellen uns nur sehr spärlich zugekommen, und diejenigen, die wir besitzen, meistens in sehr schwer zugänglichen Manuscripten vorhanden. Vielleicht würden noch viele dieser im Staube der Bibliotheken begrabenen Schätze uns zum Licht und zur Aufklärung gereichen und der Geschichte der Wissenschaften, der Culturgeschichte überhaupt als kostbare Belege dienen können; allein theils ist die Uebersetzung derselben mit grossen Schwierigkeiten verbunden, theils kümmern sich leider diejenigen Philologen, die sich etwa an diese Aufgabe wagen, wenig um die Manuscripte, die über reale Wissenschaften handeln. So sagt darüber mit Recht Montucla: „*Il est à regretter que parmi ceux, qui sont à portée de consulter ces manuscrits et qui connaissent la langue, dans laquelle ils sont écrits, il n'y ait personne qui ait le zèle, d'aller au delà du titre.*" So ist denn die Geschichte der Cultur desjenigen Volkes, dem das Abendland einen so grossen Theil der seinigen verdankt, noch mit tiefem Schleier verhüllt und daher eine organische Darstellung ihrer Entwicklung mit grossen Schwierigkeiten verbunden, ja unmöglich. Ich werde im Folgenden eine gedrängte Uebersicht der Leistungen der Araber auf dem Gebiete der mathematischen Wissenschaften nach den Angaben eines Wallis, Weidler, Montucla u. And. wiedergeben.

Nachdem die Eroberungskriege der Araber, in denen so viele Züge der Barbarei und der Grausamkeit den Leser der Geschichte kaum eine bessere Zukunft ahnen lassen, ihr Ende erreicht hatten, nachdem das Chalifengeschlecht der Ommaijaden seinen festen Sitz in Spanien genommen und dasjenige der Abbassiden Bagdad zum Glanzpunkt des Orientes erhoben hatte, da erst fingen die Fürsten dieses Volkes an, ihre Blicke auf die Künste des Friedens zu richten.

Der erste Chalife, der einen Antheil an dieser bewundernswerthen Umwandlung hatte, war der Abbasside Abu-Dschiafar Almansor (der Siegreiche), der um die Mitte des 8. Jahrhunderts zu Bagdad regierte. Er widmete sich mit Vorliebe der Philosophie und Astronomie, zog griechische Gelehrte an seinen Hof und liess seine Söhne in klassischer Bildung unterrichten.

Nach Almansor war es der berühmte Zeitgenosse Karls des Grossen, Harun al Raschid, der in wissenschaftlicher Beziehung selbst eine Blüthe jener Zeit war. Bekannt ist wohl die Geschichte mit der kunstvoll verfertigten Wasseruhr, die der Chalife dem darob erstaunten Beherrscher des Abendlandes zum Geschenk machte. Aber erst unter Haruns Sohn, Abdallah Almamun gelangten die Wissenschaften und darunter besonders die Astronomie zur hohen Stufe der Ausbildung. Dieser Chalife regierte von 813—33. Mit aller Energie ging er an die Ausführung seines Hauptzweckes, seinen Unterthanen die Liebe zu den Wissenschaften einzuflössen. In einem Friedensvertrag mit dem oströmischen Kaiser Michael III. verlangte er als eine Hauptbedingung die Auslieferung einer grossen Anzahl griechischer Werke, die er dann in die arabische Sprache übersetzen liess. So ging die Wissenschaft des sinkenden

Griechenlands auf die siegreichen Araber über, um aus den Händen dieser lebensfrischen Nation ungeschwächt dem erwachenden Europa überliefert zu werden. Zuerst ist unter **Almamuns** Chalifat eine Unternehmung anzuführen, über deren Genauigkeit man bei den damaligen Hilfsmitteln staunen muss, da selbst in neuerer Zeit die praktische Ausführung derselben noch mit grossen Schwierigkeiten verbunden war. Unter der Leitung der beiden arabischen Mathematiker **Chalid ben-Abdomelik** und **Ali ben-Isa** wurde in der Ebene **Sinear** in **Mesopotamien** zur Bestimmung des Erdumfanges eine Gradmessung vorgenommen, deren Resultat denen der berühmtesten neuern Messungen wenig nachsteht, die des **Eratosthenes** aber an Genauigkeit weit übertrifft. Die Länge eines Grades wurde $56^2/_3$ arabische Meilen gefunden, was ungefähr 58700 tois. ausmacht, den wahren Werth also nur um etwa 1500 tois. übersteigt.

Als Zeitgenossen **Almamuns** haben wir zu erwähnen den Mathematiker **Mohammed-ben-Musa**, dessen astronomische Tafeln unter dem Namen **Al-Send-Hend** sehr berühmt waren. **Ben-Musa** hat sich übrigens auch in andern mathematischen Disciplinen, besonders in der **Trigonometrie** ausgezeichnet, wir werden später noch auf ihn zurückkommen. Forner lebten zu gleicher Zeit die Astronomen **Abumasar Dschiafar**, die Söhne **Musa's**, **Mohammed**, **Achmed** und **Alhazan**, welche zu Bagdad Beobachtungen über die Schiefe der Ekliptik machten und dieselbe zu 23^0 35' bestimmten, welche Bestimmung in der Folgezeit von den Arabern beibehalten wurde und deren Genauigkeit nichts zu wünschen übrig lässt. In diese Zeit fällt auch die Blüthe des Astronomen **Alfraganus**, dessen Elemente der Astronomie, als eines der ausgezeichnetsten Werke auf diesem Gebiete mehrfach commentirt worden sind, so mit sehr gelehrten und interessanten Anmerkungen von **Golius**. (1590). **Alfraganus** schrieb auch eine Abhandlung über die Sonnenuhren und Astrolabien, die vorhanden, aber nie im Druck erschienen ist. Um die Mitte des nämlichen neunten Jahrhunderts lebte und wirkte einer der bedeutendsten Mathematiker und Astronomen der arabischen Nation, **Thebit ben-Korah**, hauptsächlich bekannt durch seine Theorie der schwankenden Bewegung der Fixsterne, dass diese nämlich bald vorwärts im Sinne der zwölf Zeichen, bald rückwärts, bald schneller, bald langsamer sich bewegen würden, dass ferner auch die Schiefe der Ekliptik solchen Perioden unterworfen sei. Diese irrige Ansicht entsprang aus einer falschen Vergleichung der Angaben seiner Vorgänger mit denjenigen seiner Zeit; die Theorie Hipparch's von der Praecession als eine Bewegung des Himmels um den Pol der Ekliptik konnte ihm daher zur Erklärung dieser schwankenden Bewegung nicht genügen; er nahm eine Kreisbewegung der beiden Zeichen Widder und Waage um die beiden Knotenpunkte an mit dem Radius von 4^0 18' und einer Umlaufszeit von 800 Jahren, was also für die Fixsterne eine ebenso lange dauernde Vor- und Rückwärtsbewegung von ungefähr 8^0 36' ausmachte.

Etwas später als Thebit, ums Jahr 880, lebte der grösste arabische Astronom, **Albatagnius** oder besser Albatani, nach seiner Vaterstadt Batan so genannt, der Ptolemäos der Araber. Er residirte als Statthalter des Chalifen in Antiochia und machte daselbst seine Beobachtungen.

Albatani folgte im grossen Ganzen dem System des Ptolemäos und bemühte sich vor Allem aus, dessen Berechnungen eine grössere Genauigkeit zu geben. So bestimmte er die Bewegung der Fixsterne, die aus dem Vorrücken der Tag- und Nachtgleichen resultirt, auf 1^0 in 70 Jahren gegenüber der ungenaueren Angabe des Hipparch und Ptolemäos auf 100 Jahre. Auch in Bezug auf die Grösse der Excentricität der Erdbahn ist er den neueren Destimmungen sehr nahe gekommen. Er fand die Länge des tropischen

Jahres 365ᵈ 5ʰ 46ᵐ 24ˢ, also ungefähr 2ᵐ 22ˢ zu wenig. Der englische Astronom Halley entschuldigt ihn in dieser Hinsicht angelegentlichst in den *Philosophical Transactions*, indem er die Ungenauigkeit dem zu grossen Vertrauen zuschreibt, das Albatani in die Beobachtungen des Ptolemäos gesetzt. Er würde, meint Halley, viel besser reussirt haben, wenn er die Bestimmungen Hipparch's mit denjenigen des Ptolemäos verglichen hätte. Was die Theorie der P r ä c e s s i o n der Tag- und Nachtgleichen anbetrifft, so folgte hierin Albatani, wie die meisten seiner Nachfolger, der Ansicht T h e b i t's von der T r e p i d a t i o n der F i x s t e r n e, auf die er übrigens durch die V a r i a b i l i t ä t des A p o g e u m s geführt wurde, die er zuerst entdeckt hat.

Albatani konstruirte auch neue astronomische Tafeln, die ihrer Genauigkeit wegen lange Zeit sehr geschätzt waren. Die Werke dieses Astronomen erschienen unter dem Titel „*de scientia stellarum*" im Drucke zum ersten Mal 1537 mit Noten von R e g i o m o n t a n u s. Er starb im Jahre 928 n. Chr.

Die hohe Blüthe, die die Wissenschaft durch seine Forschungen und Entdeckungen erreicht hatte, wurde durch viele gelehrte Astronomen weiter gepflegt und ausgebildet, deren blosse Aufzählung wir aber unterlassen wollen.

Doch nicht nur am Hofe der A b b a s s i d e n zu Bagdad erfreuten sich die Wissenschaften solcher Pflege; keines der der arabischen Herrschaft unterworfenen Länder stand in dieser Beziehung dem Hauptreiche nach; P e r s i e n, A e g y p t e n, U n t e r i t a l i e n, S p a n i e n haben alle den gleichen Antheil an dem Glanze arabischer Cultur. — Ums Jahr 1000 lebte in A e g y p t e n unter dem Chalifen A z i r b e n - H a k i m der Astronom Ibn-Jonis, berühmt durch seine vielfältigen Beobachtungen, gesammelt in dem Werke „*Historia coelestis*", das als Manuscript in der Bibliothek von L e y d e n existirt. Man findet darin die Beschreibung einer Menge, von arabischen Astronomen beobachteter Finsternisse, Solstitien und Aequinoctien, die nützliche Aufschlüsse enthalten über die Art und Weise der Beobachtung jener Zeit. Ibn-Jonis hat auch astronomische Tafeln verfertigt, die eine bedeutende Berühmtheit erlangt haben.

Neben dem arabischen Kleinasien glänzte aber vor Allem aus Spanien hervor, dessen Cultur seit einem Jahrtausend niemals mehr jenen einstigen Höhepunkt erreicht hat. — Um's Jahr 1080 lebte zu Toledo der Astronom **Arzachel**, einer der produktivsten Gelehrten der arabischen Nation. Er verfertigte die astronomischen Tafeln, die den Namen der Toledanischen tragen. Eine grössere Genauigkeit in der Bestimmung des Apogeums und der Excentricität der Ekliptik erlangte er durch geschickte Vergleichung mehrerer Stellungen der Sonne, durch genaue Beobachtungen von verschiedenen Aequinoctien und Solstitien etc. Die Schiefe der Ekliptik bestimmte er auf $23^0\ 34'$. Der Astronom **Alhazen** ist bekannt durch die erste ausführlichere Abhandlung über Optik, die auf uns gekommen ist (da die des Ptolemäos verloren gegangen). Er unterbreitet darin die astronomische Refraction und die Dämmerung einer nähern Untersuchung. Nach dem Zeugniss eines Roger Bacon aber soll er diese optischen Kenntnisse dem Ptolemäos verdanken. — Zu derselben Zeit (1100) lebte der Mathematiker **Geber**, der einen Commentar zum Almagest geschrieben hat, in dessen Vorrede er eine kurze Abhandlung über Trigonometrie gibt, das erste, was bis dahin in dieser Disciplin geschrieben worden. Wir werden weiter unten darauf zurückkommen. — Um die Mitte des 12. Jahrhunderts lebte zu Cordova der berühmte arabische Arzt **Averroes**. Derselbe zeichnete sich auch durch seine Kenntnisse in der Astronomie aus. Er machte unter Anderem einen Auszug aus dem Werke des Ptolemäos.

Wenn wir aus dem Vorhergenden einen Schluss auf den Zustand der Astronomie bei den Arabern ziehen sollen, so zeigt sich uns wohl deutlich die Thatsache, dass die Theorien und Entdeckungen der griechischen Astronomen durch ihre mohammedanischen Nachfolger keine wesentlichen Fortschritte erfahren haben. Wir haben gesehen, wie sogar die Hipparch'sche Erklärung der Praecession von den arabischen Astronomen nicht anerkannt worden ist. Dagegen erzielten die Araber in den astronomischen Beobachtungen eine weit grössere Genauigkeit; ihr Fleiss und ihre Geschicklichkeit in der Ausarbeitung astronomischer Tafeln war selbst für die Untersuchungen der neuern Zeit von grossem Vortheil.

Bedeutender sind die selbstständigen Arbeiten der Araber auf dem Gebiete der reinen Mathematik, wenn auch dieselbe keineswegs in dem Maasse gepflegt worden ist, wie die Astronomie. — Wie im Anfange dieses Abschnittes bemerkt worden ist, hat der Chalife Almamun beim Beginn des neunten Jahrhunderts eine grosse Anzahl von Werken griechischer Gelehrter in die arabische Sprache übersetzen lassen, um den Wissenschaften bei seinem Volke Eingang zu verschaffen. So wurden zuerst die Mathematiker Euklid, Hypsikles u. s. w. den Arabern bekannt. Bald auch folgten Apollonios und Archimedes. Die bedeutendsten Uebersetzer waren Achmed ben-Musa-ben-Schacer und Thebit-ben-Korah. Besonders von letzterem hat man eine grosse Zahl von Uebersetzungen: Die 13 ersten Bücher Euklid's, die Abhandlung des Archimedes *de sphaera et cylindro*, die letzten Bücher der Kegelschnitte des Apollonios etc.

Auf dem Gebiete der Geometrie ist es vor Allem aus die Trigonometrie, die wegen ihrer Anwendung auf die Astronomie bei den Arabern besondere Berücksichtigung fand. Der bekannteste arabische Gelehrte in dieser Wissenschaft ist der früher schon genannte Astronom **Mohammed** ben-Musa, dessen Werk unter dem Titel: „*De figuris planis et sphæricis*" auf uns gekommen ist. Er handelt darin über die Auflösung der sphærischen Dreiecke und wendet dazu Methoden an, die den heutigen mit Hülfe der goniometrischen Zahlen nicht unähnlich sind. Bekannter ist das Werk des Mathematikers **Geber ben-Aphla** (1000) über Ptolemäos, worin er die ersten Hauptsätze der heutigen Trigonometrie auseinandersetzt und anstatt der weitläufigen Methoden der Alten kürzere und einfachere Auflösungen vorschlägt. Eine der hauptsächlichsten Vereinfachungen ist die der Einführung des Sinus anstatt der ganzen Sehnen, deren sich die Alten bedienten. Das Wort „Sinus" hiess bei den Arabern „*dschaib*". Golius erklärt nach Kaestner (Geschichte der Mathematik, I. Bd.) dieses Wort folgendermassen: „*est sinus indusii restisque, seu collare ad jugulum patens, apud geometras sinus, id est semissis rectæ circulo inscriptæ a diametro per medium sectæ. Radix: dschaba, secuit, formandi sinus ergo indusium fidit, dilatarit.*" Dass das heutzutage gebräuchliche Wort „Sinus" aus der Uebersetzung dieses arabischen Wortes entstanden, wollen viele Mathematiker nicht zugeben. Einige möchten es aus der Abkürzung von „*semissis inscriptæ*" entstanden denken, die etwa so ausgesehen haben mag „*s. ins.*", was leicht in *Sinus* hätte übergehen können; andere haben wieder andere Ansichten. Doch darüber genug. — Auch das Wort „Grad" zur Bezeichnung eines gewissen (des 360sten) Theiles des Kreisumfanges wurde von den Arabern eingeführt und hiess bei ihnen „*dergeh*", die Stufe, der Grad. Kaestner glaubt, das französische „*degré*" wäre das arabische Wort selbst. Die Alten hatten für diese Theile die Bezeichnung *partes* (griechisch μοῖραι). Gobers Trigonometrie erschien 1534, herausgegeben von Peter Apianus. Darin ist folgende Definition des Sinus: „*Sinus arcus est medietas chordæ dupli ejus. Et est etiam perpendicularis cadens ex extremitate ejus arcus super diametrum exeuntem ex extremitate ejus secunda*".

Von den hauptsächlichsten arabischen Geometern haben wir zu nennen die Söhne Musa ben-Schacer's **Mohammed, Hamed** und **Alhazan**, von denen besonders der letztere durch seinen ausgezeichneten Scharfsinn in der Auflösung verschiedener schwieriger Probleme sich ausgezeichnet haben soll. Des ersten der drei Brüder Schüler war Thebit ben-Korah, dessen Verdienste um die Uebersetzung griechischer Meisterwerke wir schon erwähnt haben. Von ihm ist noch ein Manuscript vorhanden, betitelt: „Ueber die Theilung der Oberflächen." In der nämlichen Zeit lebte der Mathematiker Jacob Alkendi, auch Alchindus genannt, dessen Abhandlung „*de sex quantitatibus*" von Cardan als ein Meisterwerk gepriesen ist. Von Mohammed Al-Bagdadi haben wir eine Geodäsie, die 1570 im Druck erschienen ist. Ich hätte noch eine Anzahl arabischer Mathematiker anzuführen, aber diess ist nicht mein Zweck. Solche Männer, die nicht zur Entwicklung und zum Fortschritt der Wissenschaft beigetragen haben, finden keinen Platz in der Geschichte derselben.

Vor Allem aber ist es das Gebiet der Arithmetik, auf dem wir den Arabern die erste Kenntniss einer Erfindung verdanken, die zu den geistreichsten und doch wiederum einfachsten gehört, die der menschliche Geist zu Tage gefördert, unser Ziffernsystem. „Jede der ersten zehn Zahlen", sagt Kaestner im Anfang seiner Geschichte der Mathematik, „mit einem Namen belegen, der von keinem der andern Namen abgeleitet ist, den man einzeln merken muss; warum vier die Zahl bedeutet, die zwischen drei und fünf fällt, keine weitere Rechenschaft geben als den Gebrauch; der Zahlen über zehn ihre Namen so bilden, dass die Bildung zeigt, wie die grössere Zahl aus der kleineren entsteht, nur für grössere Zusammensetzungen, Hundert, Tausend, ganz neue Wörter machen: Das heisst: nach Zehn zählen und das ist bei den Völkern gewöhnlich gewesen, von denen wir gelernt haben."

„Aber jede der ersten neun Zahlen mit einem Schriftzuge anzeigen, welcher immer diese Menge von Einheiten bedeutet und nur, ob diese Einheiten, jede nur eins, oder zehn, oder hundert u. s. w. beträgt, durch die Stelle des Zuges angeben, das heisst: Ziffern brauchen, und das findet man bei unsern Lehrern, den Griechen und Römern nicht". Es ist schon so unendlich viel über den Ursprung dieses Zahlensystems und der Zahlzeichen geforscht und geschrieben worden, dass es völlig unnütz wäre, hier noch viel Worte zu verlieren. Dass es von den Arabern auf uns gekommen, ist bestimmt; wann und auf welchem Wege werden wir später sehen. Dass die Araber es von den Indiern kennen gelernt haben, ist so viel als bewiesen. Einige der Hauptbeweise über diesen letzten Punkt, wie sie Montucla in seiner *Histoire des mathématiques* gibt, werde ich im Folgenden kurz erwähnen. Dass die meisten dieser Beweise von den Arabern selbst herrühren, spricht sehr zu Gunsten der Indier. Man findet in verschiedenen Bibliotheken Manuscripte von arabischen Abhandlungen über Arithmetik, unter dem Titel: „Die Kunst, nach Art der Indier zu rechnen", oder „Über die indische Rechnungsweise."

Der arabische Gelehrte Alsephadi sagt in einem Commentar über ein berühmtes Gedicht von Tograi, die indische Nation zeichne sich durch drei ihr eigenthümliche Dinge besonders aus: Durch das Buch: Golaila ve damna (eine Fabelnsammlung ähnlich derjenigen Aesop's), ihre Rechnungsweise und das Schachspiel.

Einen der stärksten Beweise aber für diese indische Abstammung des Ziffernsystems liefert uns der Mönch Planudes, der im 13. Jahrhundert ein Werk veröffentlichte, das noch jetzt als Manuscript an verschiedenen Orten existirt, betitelt: λογιστικὴ Ἰνδική oder ψηφοφορία κατὰ Ἰνδούς; d. h. „Indische Arithmetik oder Art nach den Indiern zu rechnen." In diesem Werke setzt Planudes den Gebrauch des heutigen Zahlensystems auseinander und gebraucht dazu

Zahlzeichen, die von den unsrigen nur wenig verschieden sind. Er sagt auch, dass die Indier ausser den neun Zahlzeichen noch ein zehntes hätten, „τξίφρα" genannt, das sie durch 0 ausdrücken und welches „Nichts" bedeute. Das arabische Wort „saphara" heisst „*cacuum seu inane esse*" d. h. leer oder nichts sein. Daher kommt auch unser heutiges Wort „Ziffer", obgleich unrichtig für alle zehn Zeichen gebraucht. Diess Zeugniss warf alle Zweifel über diesen Punkt nieder; dennoch erhoben sich noch bisweilen einige Gelehrte, die den Indiern doch nicht die ursprüngliche Erfindung lassen wollten, sondern behaupteten, diese hätten sie erst von den Griechen bekommen. Es spricht für diese letztere Ansicht allerdings eine Stelle des Boëthius, die aber durch die vielen Abschreiber des Mittelalters leicht und sehr wahrscheinlich entstellt worden sein mag. Denn wie sollte ein Volk wie die Griechen, mit so herrlichen Geistesanlagen begabt und so hoch hervorragend auf dem Gebiete der mathematischen Wissenschaften die Wichtigkeit einer so geistreichen Erfindung nicht erkannt und sie zu Nutzen gezogen haben?

Doch wie dem auch sei, den Arabern gebührt der Ruhm, dieses neue System, das dem unermesslichen Gebiete der Zahlensprache diese geniale Kürze des Ausdrucks verliehen hat, zuerst aufgenommen und zur richtigen praktischen Anwendung gebracht zu haben.

Auf dieser neuen arithmetischen Basis weiterbauend, haben dann die Araber auch das Gebiet der Algebra, wenn nicht von seinem ersten Ursprunge aus, so doch bedeutend höher ausgebildet als die Griechen. Gegen die Behauptung, als hätten sie Alles, was sie von dieser Wissenschaft wussten, von dem letztern Volke und besonders von Diophant entlehnt, spricht erstens der Umstand, dass uns keine einzige arabische Uebersetzung dieses Mathematikers bekannt ist; dass ferner die Bezeichnung der Potenzen bei den Arabern eine von der des Diophant abweichende ist. Denn wie Diophant die fünfte Potenz z. B. aus der Multiplikation der zweiten und dritten bildet und sie daher „*quadrato-cubus*" nennt, bezeichnen die Araber sie mit einem eignen Ausdruck: „*primus sursolidus*" und nennen die sechste „*quadrato-cubus*", indem sie sie aus der Multiplikation der Exponenten der zweiten und dritten bilden. So heisst entsprechend die siebente „*secundus sursolidus*", die achte wird gebildet aus der zweiten und vierten u. s. f. — Ein anderer Beweis ist jedenfalls auch der arabische Ursprung des Wortes „Algebra"; wenigstens spricht er dafür, dass diese Wissenschaft bei diesem Volke einer besondern Pflege und Ausbildung sich erfreut haben muss.

Das Wort „Algebra" kommt von dem arabischen „*aljabar* oder *algabar*", und heisst *oppositio* (Entgegenstellung). Der Stamm ist *gebera (opposvit)*. Man wird diese Etymologie leicht in Beziehung bringen können mit dem Wesen der Algebra, ohne gerade zu pedantisch zu scheinen.

Mohammed ben-Musa und **Thebit ben-Korah** sind es hauptsächlich, die in dieser Wissenschaft sich auszeichneten. Cardan nennt den ersten den Erfinder der Auflösung der Gleichungen zweiten Grades. Schade, dass sein Werk bloss als Manuscript vorhanden ist. Diess ist auch der Grund, warum man auf das Zeugniss von Lucas de Burgo hin angenommen hat, die Araber wären nicht über den zweiten Grad hinausgegangen. Es ist aber erst in neuerer Zeit ein Manuscript in der Bibliothek zu Leyden aufgefunden worden, welches die Lösungen der Gleichungen dritten Grades enthält durch den arabischen Mathematiker **Omar ben-Ibrahim**.

Noch ein letzter Beweis, in welch' hohem Ansehen und auf welch' hoher Stufe die Algebra bei den Arabern gestanden haben mag, ist der Umstand, dass selbst Dichter sie durch ihre Kunst verherrlichten. Man findet in Manuscripten verschiedene Gedichte, die diesen Gegenstand berühren, unter den Titeln: „Ueber die algebraische Wissenschaft", „über die Wunder der Algebra", etc.

So verlasse ich denn die arabische Nation, um die Wirkungen zu betrachten, die ihre glänzende Cultur nach und nach dem schlummernden Abendlande einflösste und es endlich aus dem Winterschlafe des Mittelalters zu neuem, frischem Leben erweckte.

Doch bevor ich mich für immer vom Morgenlande wegwende, kann ich nicht umhin, noch den Einfluss zu berühren, den die grosse geistige Kraft dieses merkwürdigen Volkes selbst auf die wildesten Völkerstämme Hochasiens ausgeübt hat.

Um die Mitte des eilften Jahrhunderts erlag das Chalifenreich von Bagdad der Gewalt der Seldschukischen Türken, aber selbst unter den Häuptern dieser rohen Nomadenstämme blühte arabische Bildung noch lange Zeit fort. Zu dieser Zeit lebte der persische Astronom Omar Cheyam, dem man die Einführung einer ausgezeichneten Zeitrechnung verdankt, die die Perser heute noch gebrauchen. Er schob sieben Mal hintereinander jedes vierte Jahr einen Schalttag ein, im achten Mal aber erst nach Verlauf von fünf Jahren, so dass er also in dreiunddreissig Jahren acht Tage einschob, welche Einschaltung derjenigen unserer Zeitrechnung an Genauigkeit nicht viel nachsteht. Um diese Zeit kamen selbst griechische Gelehrte aus Konstantinopel an den persischen Hof, um dort die Wissenschaft zu lernen, die sie im alten Griechenland nicht mehr finden konnten.

Zwei Jahrhunderte später (1258) erstürmte der Enkel Dschengis-Chan's, Holagu-Ileku Chan mit seinen wilden Tartarenhorden das berühmte Bagdad. Aber es war, als ob mit dem Betreten dieser geweihten Stätte ein anderer, milderer Geist in diese Jäger und Hirten gefahren wäre, vor deren Grausamkeit und Blutgier kurz vorher und lange Zeit nachher noch Europa erzitterte. Ileku-Chan selbst beförderte mit aller Kraft die Wissenschaften, besonders die Astronomie. Er zog mohammedanische Ge-

lehrte an seinen Hof und liess in der Stadt Maragha bei
Tauris eine Sternwarte bauen. Der berühmte Astronom, der
daselbst beobachtete und berechnete, war der Perser **Nassir
Eddin**. Von ihm sind die berühmten Ilekanischen Tafeln
verfertigt, die heutzutage im Oriente noch grosse Verbreitung haben und für die genauesten gelten.

Aber auch in der Geometrie war Nassir-Eddin
sehr bewandert. Er commentirte unter Anderem den Apollonios, welcher Commentar dem Engländer Halley zu
seinen Ausgaben der Bücher des Apollonios sehr gute Dienste
geleistet haben soll.

Unter den Mathematikern jener Zeit ist noch zu erwähnen
Maimon-Raschid, der den Euklid commentirt hat.

Und wiederum zwei Jahrhunderte nach dieser Zeit war es
der Enkel des zweiten Weltstürmers Tamerlan, Ulogh-
Beigh, der zu Samarkund die berühmten Astronomen
jener Zeit um sich sammelte (1430). Er selbst nahm Theil
an den astronomischen Beobachtungen und liess durch den
gelehrten **Salah-Eddin** jene Tafeln verfertigen, die seinen
Namen tragen und heute noch ebenso grosser Achtung geniessen, wie die Ilekanischen.

Solches war Jahrhunderte lang die Wirkung des arabischen Geistes auf diese in ihrer Naturanlage so rohen
Völker des Orientes; und diess in einer Zeit, da das gepriesene Europa noch die Wissenschaften verschmähte.

VI.

Die Wirkungen jener gewaltigen Erschütterung, die von Osten nach Westen vorwärtsschreitend die Völker Europas bunt durcheinander warf, alte Reiche verschwinden und neue erstehen liess, haben sich nicht nur in der Zerstörung des römischen Weltreiches und dem Untergang der hellenischen Bildung offenbart, sondern sie haben auch ihren lange fühlbaren Rückschlag auf die Entwicklung jener Völker selbst nicht verfehlt. Es ist begreiflich, dass nur Jahrhunderte im Stande waren, die Spuren jener barbarischen Zeiten zu verwischen und die Menschen für die Cultur des Geistes empfänglich zu machen. Der Charakter der germanischen Nationen trug nicht jene Lebhaftigkeit des Geistes, jene Raschheit der Empfindung an sich, der die Araber aus dem tiefsten Dunkel plötzlich zur hohen Culturblüthe emporzusteigen befähigte. Diese Einflüsse der Völkerwanderung, die selbst im 13. und 15. Jahrhundert durch Dschingischans und Tamerlans Horden einen neuen, verderblichen Zuwachs zu erhalten drohten, bilden einen hauptsächlichen Grund der Finsterniss und wissenschaftlichen Unfruchtbarkeit des Mittelalters. Eine andere, nicht weniger wesentliche Ursache liegt in der Intoleranz des damaligen Christenthums und in der Selbstüberschätzung und Herrschsucht der Geistlichkeit. Jene liess es nicht zu, dass arabische Bildung bei den christlichen Völkern des Abendlandes Eingang und Verbreitung fand; was von diesen orientalischen Ketzern ausging, schien dem christlich-hierarchischen Europa verabscheuungswürdig und daher unannehmbar. Die Selbstüberschätzung und die Herrschsucht der Geistlichkeit aber formirten jenes mächtige System, das durch das ganze Mittelalter hindurch bis in die Neuzeit hinein wie ein drückender Alp über der Menschheit gelegen, die Hierarchie des Klerus. Diese beherrschte nicht nur Religion und Politik, sondern auch die Wissenschaften, besonders die Philosophie. Diese diente daher hauptsächlich theologischen Spizfindigkeiten und mystischen Spekulationen; die aristotelische Naturphilosophie artete in jenen scholastischen Dogmatismus aus, der im 12. und 13. Jahrhundert zur höchsten Blüthe gelangte und bis zum 17. Jahrhundert die Wissenschaften beherrschte. Im Gefolge des Dogmatismus stand ein anderer Charakterzug dieses Zeitraums, der Mysticismus. Ihm verdanken wir vorzüglich jene Ausgeburten der Astronomie, Physik und Chemie, die Astrologie, die Magie und die Alchemie, die im Mittelalter eine so grosse Rolle gespielt und die Verkehrtheit und Missleitung des menschlichen Geistes dargelegt haben. Welchen Einfluss besonders die erstern dieser mystischen Künste auf das geistige Leben erlangt hat, ergieht sich aus der Thatsache, dass selbst nach dem grossen Impuls, den die geistigen Revolutionen des 15. und 16. Jahrhunderts auf die Wissenschaften ausgeübt haben, selbst hellsehende Männer, wie Carden, Tycho, Baco und andere sich nur schwer von jenen Mysterien trennen konnten. Auch die Mathematik, vom Schicksal am meisten geschützt vor den traurigen Verirrungen jener Zeit, hat dennoch auf einem ihrer Gebiete dem Mysticismus ein ergiebiges Feld geöffnet. Die philosophische Zahlenlehre des Pythagoras wurde auch im Mittelalter wieder aufgefrischt und zu einem noch grösseren Umfange ausgedehnt. Grosse Werke wurden über die Mysterien der Zahlen geschrieben und die geheimnissvollen Eigenschaften derselben auf die Erklärung aller möglichen Erscheinungen und Verhältnisse angewandt. Doch wenden wir uns von den dunklen Seiten jenes Zeitalters weg, um zu den wenigen Lichtmomenten überzugehen, die bisweilen das Dunkel durchdrangen, das während fast einem Jahrtausend über Europa lag und die immerhin dazu beigetragen haben, die Kette der Entwicklung der Wissenschaften nicht vollständig verloren gehen zu lassen.

Ich habe im Anfange des 6. Jahrhunderts den berühmten englischen Mönch **Beda** zu nennen, der, obgleich bekannter durch seine religiösen Bestrebungen, auch durch sein mathematisches Wissen für die damalige Zeit sich lobenswerth auszeichnete. Er war vor Allem in der Astronomie bewandert und schrieb verschiedene Abhandlungen darüber, in denen er gelehrte Vorschläge zur Verbesserung des Kalenders und über die Besimmung des Osterfestes gab.

Zur Zeit Karls des Grossen zeichnete sich dessen Lehrer **Alcuin**, ebenfalls ein Engländer, in der Mathematik vortheilhaft aus, verfasste einige astronomische Schriften und begeisterte seinen grossen Schüler für die Wissenschaften. Es mag hier rühmend erwähnt werden, dass besonders die englische Nation es ist, die in dieser dunklen Zeit des Mittelalters das Scepter der Wissenschaften in Europa vorangetragen hat. „Kein Land, sagt der grosse Geschichtschreiber Joh. v. Müller, war wie die brittischen Inseln, deren Einwohner von Lappland bis in die Lombardei kühn und standhaft alles durchzogen, und mit Missionen erfüllten; lang behielten die brittischen Schriftsteller besonders Fleiss in der Mathematik und ungewöhnliche Freiheit; kaum irgendwo wurden die Alten länger verwahrt; es blieb auf dieser Insel in der tiefsten Finsterniss ein Schimmer von Licht, bis unverhofft im gleichen Jahr der erste grosse Freiheitsbrief und Roger Bacon erschien." Der Grund solcher Begünstigung liegt hauptsächlich in äussern Einflüssen. So hat England, obgleich auch nicht vollständig von den Stürmen der Völkerwanderung verschont, doch vermöge seiner isolirteren Lage weniger zu leiden gehabt, als die Völker des Continentes und daher die Werke des Friedens ruhiger pflegen können als jene. So hat Italien, das wir vom 12. Jahrhundert an in hoher Blüthe sehen, durch seine nähere Berührung mit den Arabern seine alten, berühmten Universitäten erhalten; auch beherrschten seine mächtigen Seestädte damals schon den Welthandel und begünstigten auch dadurch die Entwicklung der Wissenschaften und Künste.

Nach Alcuin treffen wir beinahe zwei Jahrhunderte lang keinen einzigen Mathematiker mehr, bis auf den berühmten Franzosen **Gerbert**, nachmals Pabst Sylvester II., der aus Liebe zu den Wissenschaften die engen Klostermauern verliess, um in Spanien aus dem Borne arabischer Gelehrsamkeit zu schöpfen. Ihm verdankt das Abendland nach dem Zeugniss der wichtigsten Schriftsteller jener Zeit die Kenntniss der arabischen Zahlzeichen und ihres Gebrauches. Freilich trifft man arabische Ziffern in Urkunden und Handschriften nicht vor dem 14. Jahrhundert; aber diess schliesst keineswegs aus, dass dieselben nicht von Mathematikern gekannt und gebraucht worden sind. Man konnte sich eben an solche Neuerungen, wie an viele Andere selbst heutzutage noch, nur schwierig gewöhnen, und gerade diese Einführung neuer Ziffern und die damit verbundene totale Umgestaltung des Rechnungswesens musste für ein in jeder Beziehung so stabiles Zeitalter bedeutende Schwierigkeiten haben. Wilhelm Malmesbury, der um die Mitte des 12. Jahrhunderts, also etwa 100 Jahre nach Gerbert lebte, sagt über diese nach Europa gebrachte neue Kunst: „*Gerbertus, abacum certe primus a Saracenis rapiens, regulas dedit, quae a sudantibus abacistis vix intelliguntur.*" In diesen Worten glaubte am Ende des vorigen Jahrhunderts ein englischer Gelehrter North einen Beweis zu haben für die Behauptung, Gerbert hätte die Ziffern noch nicht gekannt; indem er nicht begreifen konnte, dass diese Neuerung selbst Rechenmeistern (*abacistis*) Mühe und Arbeit machen und ihnen den Schweiss austreiben konnte. Er glaubte daher etwas Anderes als unser

jetziges Rechnungssystem in den Worten Gerbert's in einem seiner Briefe finden zu sollen: „Idem numerus modo simplex modo compositus, nunc digitus constituitur nunc articulus„.
— Kaestner, der den Behauptungen North's im zweiten Bande seiner Geschichte der Mathematik einige Aufmerksamkeit schenkt und auch Montucla sehen aber gerade in diesen Worten den Beweis dafür, dass Gerbert mit dieser neuen Rechnungsweise bekannt gewesen sei. Und in der That, was heissen jene Worte anderes, als dass dieselbe Zahl bald als Einer, bald als Zehner, bald als Hunderter gesetzt werden könne. Denn numeri digiti heissen die Einer, numeri articuli die Zehner u. s. w.

Gerbert zeichnete sich in allen Gebieten der Mathematik aus, besonders auch in der Mechanik, in welcher man ihm einige bedeutende Erfindungen zuschreibt, z. B eine Art Dampfmaschinen, auch Räderuhren etc., welche Angaben aber auf ziemlich unsicherer Basis ruhen. Er soll auch schon die Eigenschaft der Magnetnadel gekannt haben.

In die Fussstapfen Gerbert's traten in der Folge noch einige nennenswerthe Gelehrte, indem sie ebenfalls bei den Arabern ihre Kenntnisse schöpfen gingen. Unter diesen ist zu nennen Campanus von Novarra, der den Euklid in arabischer Sprache aus Spanien zurückbrachte und denselben ins Lateinische übersetzte, um das Abendland mit den Werken dieses grossen Griechen bekannt zu machen. Dass solche lobenswerthe Bestrebungen eben nicht die grossen Früchte getragen haben, die sie verdienten, ist klar. Die Gelehrsamkeit blieb in den Klöstern eingeschlossen und brach sich nur mühsam und langsam unter dem Volke Bahn. Auch der englische Mönch Athelard brachte verschiedene Werke aus Spanien nach seiner Heimath mit und schrieb auch einige selbstständige Abhandlungen über die Astrolabien etc.

Merkwürdig ist es, dass von allen Jahrhunderten des Mittelalters das 13. die hervorragendste Stellung einnimmt. Sowohl vorher als nachher bis zur Mitte des 15. Jahrhunderts erreichten die wissenschaftlichen Bestrebungen und die Anzahl ausgezeichneter Gelehrter niemals den Höhepunkt dieser Epoche. Die Kreuzzüge und die Handelsreisen italienischer Kaufleute bewirkten eine nähere Verbindung mit dem Oriente und brachten dadurch arabische und byzantinische Gelehrsamkeit nach dem Abendlande. So wurde ums Jahr 1200 durch den Kaufmann **Leonardo Fibonacci di Pisa** die Algebra den Italienern bekannt, fand aber erst nach Erfindung der Buchdruckerkunst durch die Werke von Lucas de Burgo und seiner Nachfolger in Europa weitere Verbreitung.

Gegen die Mitte des Jahrhunderts lebte der in Arithmetik und Geometrie sehr bewanderte Gelehrte **Jordanus Nemorarius**. Er schrieb unter Anderem sechs Bücher über Arithmetik. Zu gleicher Zeit wirkte zu Paris der Engländer John v. Halifax, in der mathematischen Literatur und Geschichte bekannter unter dem Namen **Sacro-Bosco**. Sein Hauptwerk ist eine Abhandlung über die Kugel, die im 16. Jahrhundert von dem berühmten Mathematiker Clavius commentirt worden ist. Er schrieb ferner über den Kalender und über die Arithmetik der Araber, die erst jetzt anfing, allgemeiner bekannt zu werden. Das nämliche Jahrhundert weist auch zwei europäische Monarchen auf, die als Freunde und Beschützer der Wissenschaften denselben wesentliche Dienste leisteten. Der deutsche Kaiser **Friedrich II.** liebte und pflegte die Astronomie und liess desshalb, wie im IV. Kapitel schon bemerkt worden ist, das Hauptwerk des Alterthums über Astronomie, den Almagest des Ptolemaeos aus dem Arabischen übersetzen. Diese Uebertragung gab zuerst den Gelehrten einen zusammenhängenden Begriff dieser Wissenschaft, erweckte bei ihnen die Liebe zu derselben immer mehr und mehr und war gleichsam die Vorarbeit zu jener hohen Blüthe, die zwei Jahrhunderte nachher die Astronomie durch Copernikus' System erreichte.

Um die nämliche Zeit regierte im christlichen Spanien **Alphons X.**, der Weiso, von Castilien, ebenfalls ein grosser Freund und Beförderer der Astronomie. Mit dem grössten Eifer und ausserordentlichen Kosten berief er an seinen Hof die ausgezeichnetsten arabischen Gelehrten jener Zeit und liess durch dieselben die berühmten astronomischen Tafeln verfertigen, die nach ihm die Alphonsinischen genannt werden und durch das ganze Mittelalter hindurch bis zur Neuzeit den Berechnungen der Astronomen als Grundlage dienten. Die namhaftesten Gelehrten am Hofe Alphons X. waren der Jude Isaac Aben-Said und der Araber Aben-Ragel. Neben diesen wirkten noch eine grosse Anzahl bedeutender Männer. Die Alphonsinischen Tafeln waren in den meisten Beziehungen genauer als die älteren Werke und diess gerade in den für jene Zeit schwierigsten Beobachtungen. So war für den Ort des Apogeums 28° 40′ der Zwillinge angegeben, ein in Bezug auf die Genauigkeit sehr befriedigendes Resultat. Doch waren sie keineswegs frei von einzelnen bizarren Theorien über die Bewegung der Fixsterne u. s. w., wie sie oben in beinahe allen Gebieten der Wissenschaften jener Zeit der scholastischen Philosophie eigenthümlich waren.

Ich habe in **Albertus Magnus** zu Köln den ersten Deutschen zu nennen, der den mathematischen Wissenschaften einige Aufmerksamkeit zu Theil werden liess. Wie alle Scholastiker hat er in seinem Wissen alle Disciplinen vereinigt, ohne tiefer in die eine oder andere einzudringen. Er soll sich besonders in der Mechanik ausgezeichnet und auch einige astronomische Schriften verfasst haben.

Diesem Deutschen steht zur Seite der englische Franziskanermönch **Roger Bacon**, der grösste Gelehrte des Jahrhunderts. Obgleich er sich keineswegs ganz loszusagen vermochte vom Geiste seines Zeitalters, so gebührt ihm doch das grosse Verdienst, die exacten Wissenschaften von einem neuen, richtigeren Standpunkt aufgefasst und ihnen grösseres

Ansehen und Verbreitung verschafft zu haben. Nicht Spekulation, sondern Beobachtung der Natur und ihrer Gesetze waren seine Hülfsmittel zum Erforschen und Erkennen; so ist dieser Mann schon im 13. Jahrhundert der Verfechter einer Wahrheit gewesen, die erst drei Jahrhunderte nachher durch Geister wie sein Landsmann Franz Bacov. Verulam und Galilei die allgemeine Achtung und Anerkennung erlangt hat, die ihr gebührt.

In Mathematik, Astronomie und Optik hat sich Roger Bacon vor Allem ausgezeichnet. Kenner der griechischen und arabischen Sprache, machte er sich mit den bedeutendsten Werken dieser Nationen vertraut und benutzte sie vielfach zu Uebersetzungen, um das Abendland damit bekannt zu machen.

So ist seine Optik wahrscheinlich nur eine Nachbildung derjenigen des arabischen Mathematikers Albazen und des Ptolemäos, von dessen optischem Werke er nach seiner eigenen Angabe noch das fünfte Buch besessen hat. Wie früher schon angeführt kommt darin eine Theorie der astronomischen Refraction vor, sowie von dem scheinbar grösseren Durchmesser der Gestirne am Horizont, die den neueren Erklärungen über diese Erscheinungen sehr nahe stehen. — Es werden diesem Gelehrten eine bedeutende Anzahl optischer und physikalischer Erfindungen zugeschrieben, die ihm auch den Ruf eines Zauberers zugezogen haben sollen, aus welchem Grunde er lange Jahre im Gefängniss schmachten musste. — Unter Anderem wird behauptet, er hätte das Telescop schon gekannt und einige Gelehrte wollen die Begründung dieser Behauptung in verschiedenen Stellen der Bacon'schen Schriften finden. Dass wir hier uns nicht in solche Untersuchungen einlassen, ist selbstverständlich; sie führen auch nie zu bestimmten, wahren Resultaten. Nur scheint es mir aus diesen Stellen Bacons wahrscheinlich, dass er, besonders durch die Theorie der astronomischen Refraction, auf jene optischen Begriffe der Vergrösserung und scheinbaren Annäherung der Körper gestossen sein mag, ohne jemals ihre Wirkungen zur praktischen Ausführung gebracht zu haben. Denn es zeugt nicht gerade von der Kenntniss der Wirkungen eines Telescops, wenn Bacon sagt: „*sic ex incredibili distantia legeremus litteras minutissimas, et posset unus homo rideri mons.*"

Seine hauptsächlichsten Schriften erschienen in dem Werke, betitelt: *Opus majus*, das im Jahre 1733 in London herausgegeben worden ist. Seine Perspective und seine *Specula mathematica* sind ebenfalls im Drucke erschienen und eine grosse Zahl seiner Schriften sind als Manuscripte in der Oxforder-Bibliothek aufbewahrt. Von letzteren ist besonders seine Abhandlung über den Calender zu erwähnen, worin er die Fehler des julianischen Systems rügt und nach der Angabe einiger englischer Gelehrter selbst geistreiche Verbesserungen desselben angegeben haben soll; worin dieselben bestehen, wissen wir nicht. Bacon starb im Jahre 1294, ohne der Wissenschaft viel neue, grosse Schätze zu hinterlassen, doch den Ruhm mit sich nehmend, sie in andere, richtige Bahnen gelenkt zu haben.

Das an hervorragenden Männern und nennenswerthen Fortschritten der Wissenschaft ärmste Jahrhundert des Mittelalters ist unstreitig das 14. Es sind in grossen Werken, wie in denen Montucla's und Weidler's einige Namen von Mathematikern dieser Zeit angeführt; der Umfang meiner Abhandlung erlaubt mir nicht, nur den Wichtigsten derselben zu nennen.

Wohl aber schreibt man dem Anfang dieses Jahrhunderts zwei Erfindungen zu, die, da sie in's Gebiet der mathematischen Wissenschaften gehören, hier kurz erwähnt werden mögen. Die eine ist die der Brillen- und Fernröhrengläser, die andere die des Compasses. Was die erstern anbetrifft, so ist ziemlich sicher anzunehmen, dass dieselben zuerst in Italien verfertigt und angewandt worden sind, und nach dem Zeugniss verschiedener Manuscripte jener Zeit ist es der Mönch **Alexander von Spina** zu Pisa, der solche um's Jahr 1300 zuerst construirte.

Die Zeit und der Ort der Erfindung des Compasses ist weniger sicher anzugeben. Franzosen, Italiener, Deutsche und Engländer streiten sich um diesen Ruhm. Dass Chinesen und Indier ihn schon viele Jahrhunderte vorher gekannt haben, wird ebenfalls behauptet. Sei dem, wie ihm wolle, so viel ist sicher, dass seine Anwendung in Europa erst vom Anfang des 14. Jahrhunderts an datirt. Ob er nun durch den Neapolitaner **Flavio Gioja** erfunden oder durch Reisende, wie den berühmten Venetianer Marco Polo, aus China nach Europa gebracht wurde, ist wohl schwer zu entscheiden. Die Seefahrer der grossen italienischen Handelsstädte haben ihn zuerst angewandt; dass aber eine solche Erfindung unter den handeltreibenden Völkern eine rasche Verbreitung finden musste, ist natürlich. — Diese Erfindungen gehören immerhin zu den bedeutendsten und nützlichsten, die der menschliche Geist ersonnen; ihr unermesslicher Einfluss auf die Entdeckungen und Forschungen der späteren Jahrhunderte steht dem denkenden Menschen klar vor Augen. Schon das 15. Jahrhundert, zu dem wir jetzt übergehen, so reich an allen möglichen Fortschritten auf allen Gebieten des Wissens, ist durch eine Entdeckung verherrlicht, die ohne die Erfindung des Compasses noch lange nicht der Menschheit zu Theil geworden wäre: die Entdeckung Amerika's. Und wer wollte es läugnen, dass die grossartigen Resultate der Astronomie im 15. und 16. Jahrhundert zum grössten Theil der ersteren Erfindung zu verdanken sind?

VII.

Man schliesst in der Geschichte der Menschheit das Mittelalter gewöhnlich mit der Entdeckung Amerika's und dem Anfang der Reformation. Der Geschichte der Cultur und der Wissenschaften bietet sich ein anderes Ereigniss dar, dessen Wirkungen auf die Entwicklung des menschlichen Geistes ungleich gewaltiger gewesen sind, als die der beiden anderen Factoren. Die Buchdruckerkunst vor Allem ist es, die den Schleier gelüftet und den Bann gelöst hat, der Jahrhunderte lang Europa in Fesseln hielt. Die Geisteswerke grosser Männer gingen nicht mehr als blosse Manuscripte im Staube der Klöster verloren; sie verbreiteten ihr Licht tausendfältig in den Schooss des Volkes. Und auch der Geschichte der Wissenschaft ist ein sicherer Weg geöffnet worden; die Lettern Guttenbergs haben den Gedanken des Geistes Unsterblichkeit eingehaucht und dadurch der Geschichte unumstössliche Beweise, Genauigkeit und Wahrheit zur Richtschnur gegeben. „Dans cette invention on a vu s'élever, en faveur de la raison et de la justice, un tribunal, indépendant de toute puissance humaine, auquel il est difficile de rien cacher et impossible de se soustraire". (Condorcet esquisse d'un tabl. hist.). Mit dieser Erfindung beginnt das allmälige Sinken der Scholastik und der Hierarchie, das Zeitalter der Aufklärung, die neue Zeit. Wohl brauchte es noch gewaltige materielle und geistige Kämpfe, bis die Völker sich von dem Joche befreit hatten, das Rom auf sie gelegt, bis die

Wissenschaften zu jenen Wahrheiten durchgedrungen waren, die im Buche der Natur für sie geschrieben standen. Doch dürfen wir wenigstens von nun an mit freudigerem Blick die Geschichte durchblättern; wir sehen, wie **Fortschritt und Licht** gegenüber dem **Aberglauben** und der **Finsterniss** immer mehr das Feld behaupten.

Die Mathematik war die erste der Wissenschaften, die durch die geistigen Bewegungen jener Zeit aus dem langen Schlummer erweckt wurde. In Italien war es besonders die Algebra, in Deutschland die Astronomie, die um die Mitte des 15. Jahrhunderts ihren raschen und segensreichen Entwicklungslauf begannen.

Die Bestrebungen Leonardo's di Pisa, seine Landsleute mit der Algebra bekannt zu machen, wurden in der zweiten Hälfte dieses Jahrhunderts von einigen bedeutenden Gelehrten wieder aufgenommen. Unter diesen glänzt vor Allen **Lucas Pacciali**, genannt **de Burgo** hervor. Er behandelte in seinem Werke: „*Summa de arithmetica, geometria, proportione et proportionalita*" Alles, was von Algebra zu seiner Zeit bekannt war, d. h. die Lehre von den Gleichungen bis und mit denen des zweiten Grades. Lucas de Burgo hat auch den Euklid in seine Muttersprache übersetzt und im Druck herausgegeben, die erste in Europa gedruckte Ausgabe. Wir haben ferner eine Abhandlung von ihm „*de proportione divina*", welchen erhabenen Titel er dem heutzutage unter dem Namen harmonischer Theilung bekannten Verhältnisse von 4 Punkten einer Geraden beilegte. — Bevor wir auf die weitere Entwicklung der Algebra eingehen, die schon dem folgenden Jahrhundert angehört, wollen wir kurz die Fortschritte der Astronomie in Deutschland zu dieser Zeit betrachten.

Die beiden grossen Förderer derselben sind **Purbach** und **Regiomontanus**, die würdigen Vorläufer des Copernicus und Tycho de Brahe. Der erstere, geboren 1423 in einem Städtchen an der Grenze zwischen Oesterreich und

Bayern, studirte an der Universität Wien und folgte später
seinem Lehrer Johann von Gmunden daselbst im Lehramt der Mathematik, nachdem er mehrere Reisen durch
Europa zum Zwecke der Ausbildung gemacht hatte. Seine
erste Arbeit war die Verbesserung der Uebersetzungen des
Ptolemæos, indem diese eben früher von solchen verfertigt
worden waren, die keine Kenntnisse in der Astronomie
hatten. Seine hauptsächlichste Beschäftigung bestand in
astronomischen Beobachtungen, deren Zweck es war, die
Angaben und Berechnungen der Alten zu prüfen. Dann
verfertigte er neue Tafeln, bestimmte die Sternörter genauer,
ersetzte die Sexagesimaltheilung, die die Alten bei den
Sehnenrechnungen angewandt hatten, dadurch, dass er den
Radius in 600,000 Theile theilte, um so für die Sehnen,
die er übrigens auch durch die halben Sohnen oder *Sinusse*
ersetzte, ganze Zahlen zu erhalten. Ferner rühren von ihm
einige wesentliche Verbesserungen astronomischer Instrumente
her. Als er, um die griechische Sprache behufs einer genauen Uebersetzung des Ptolemæos zu erlernen, nach
Griechenland verreisen wollte, ereilte ihn der Tod, noch
nicht 40 Jahre alt. — Seine bedeutendsten Schriften sind
seine Theorie der Planeten, seine Beobachtungen von Finsternissen für den Meridian von Wien und seine Beschreibung
des geometrischen Quadrats, eines einfachen Instrumentes,
bestehend aus einem Quadrate, das an einer Spitze ein Loth
und ein Diopterlineal befestigt hatte, und dessen zwei dieser
Spitze gegenüberliegende Seiten in je 1200 Theile eingetheilt waren. Es diente zur Höhenmessung der Gestirne.

Regiomontanus, eigentlich Joh. Müller von Königsberg in Franken, war Purbachs Schüler. Nach dessen
Tod führte er den Plan seines Lehrers aus, das Griechische
zu lernen, um die Schätze des Alterthums in genauen Uebersetzungen dem Abendlande zugänglich zu machen. Er begab
sich daher nach Unteritalien, studirte dort das Griechische
und machte sich mit den hauptsächlichsten wissenschaftlichen

Werken der Alten bekannt, deren er in der Folge eine grosse Zahl übersetzte, ausser dem Almagest, die Kegelschnitte des Apollonios, den Archimedes, die mechanischen Werke des Hero von Alexandrien etc. Seine eigenen Abhandlungen sind ebenfalls sehr beträchtlich. Er machte einen ausgezeichneten Commentar über den Almagest, Beschreibungen astronomischer Elemente und verschiedene Tafeln. Besonders berühmt sind seine Ephemeriden für 30 Jahre, die er mit einer vorzüglichen Genauigkeit berechnet hat. Seine Abhandlung über den Kometen von 1472 gehört ebenfalls zu seinen besten Schriften. Er beobachtete seine Parallaxe, die er nahezu 3^0 fand und verfolgte seine Bahn mit grösster Genauigkeit. Auch die übrigen Gebiete der Mathematik wurden von ihm alle mit gleichem Erfolge gepflegt. Die Trigonometrie verdankt ihm hauptsächlich ihre jetzige Gestalt. Wie schon sein Lehrer begonnen, und was die Araber theilweise schon durchgeführt hatten, substituirte er an Stelle der ganzen Sehnen die halben, oder die Sinusse, vervollkommnete die Berechnung derselben, gab sie in Millionentheilen des Halbmessers an, was schon ein bedeutender Schritt zum Decimalsystem war, verfertigte Tafeln für alle Grade und Minuten des Quadranten und führte zum ersten Mal den Gebrauch der Tangentenzahlen ein. Was die trigonometrische Auflösung der Dreiecke anbetrifft, worin ebenfalls die Araber schon einiges geleistet hatten, zeigt er sich nicht weniger geistreich in Lösung verschiedener Fälle des rechtwinkligen und schiefwinkligen Dreieckes. Auch in der Mechanik zeichnete er sich aus. Regiomontanus starb in Rom, wohin er von Nürnberg aus einem Rufe Papst Sixtus' IV. behufs Verbesserung des Kalenders gefolgt war, im Jahr 1476 im Alter von 40 Jahren.

In Nürnberg hinterliess er in **Bernhard Walther** einen berühmten Schüler. Dieser gab grosse Summen zur Verfertigung von Instrumenten aus, die Regiomontanus erfunden oder verbessert hatte. Sein Hauptverdienst sind seine zahllosen, sehr gründlichen und genauen Beobachtungen von Sonnenhöhen, Finsternissen, Conjunctionen etc. Er kannte auch die Refraction, auf welche er nach seinem eigenen Zeugniss durch Beobachtung der Venus geführt wurde, bevor er die Abhandlungen des Alhazen und Bacon darüber kannte. Ob er aber das wahre Prinzip derselben erkannt hat, scheint zweifelhaft, schon aus dem Grunde, weil er glaubte, dass nur die Gestirne am Horizonte einer Refraction unterworfen wären.

In der Geometrie sind weniger grosse Fortschritte gemacht worden. Wir haben früher schon das Werk des Lucas de Burgo angeführt; wir können hier noch die Bemühungen des gelehrten Cardinal von Cusa, auch Cusanus genannt, auf dem Gebiete der Kreisrechnung erwähnen. Er ist der erste, der seit dem Wiederaufleben der Wissenschaften diesem im Alterthum so beliebten Probleme einige Aufmerksamkeit geschenkt hat. Er gab für die Berechnung des Kreishalbmessers die Formel:

$$a = \frac{p}{2n \cdot \sin\frac{180}{n}},$$

wo n die Anzahl der Seiten des eingeschriebenen regelmässigen Polygons und p den Umfang desselben bedeutet; ganz richtige Formel, aber für den damaligen Standpunkt der Wissenschaft gewiss nicht wohl geeignet, die Irrationalität des Verhältnisses von Umfang und Durchmesser herauszufinden, wesswegen denn auch der Cardinal von Cusa noch ein eifriger Anhänger des Problems der Quadratur des Zirkels war.

Gegen das Ende des Jahrhunderts pflegte auch der berühmte deutsche Maler Albrecht Dürer die Geometrie und zu seinem speziellen Kunstzwecke die Perspektive. Sein Hauptwerk sind die *Institutiones geometricae*, in denen er auch die Kreisrechnung behandelt. Auch über den Gebrauch des Zirkels und des Richtscheites hat Dürer eine Anweisung gegeben.

Warum übrigens die Geometrie sich nicht derselben Erfolge erfreute, wie die andern Disciplinen, ist leicht erklärlich. Ihr Gebiet war im Alterthum schon auf die Stufe gebracht, dass eine weitere Entwicklung auf rein geometrischem Wege, ohne die Beihülfe der Algebra und der Analysis fast zur Unmöglichkeit geworden war. Wir werden daher erst später die Geometrie in neuem Aufschwung begriffen sehen, besonders als das Genie eines Descartes durch jene angeführte Verbindung ihr neue, unermessliche Bahnen eröffnete.

Wir verlassen das 15. Jahrhundert und gehen zum 16. über, ungleich fruchtbarer und grossartiger in den Fortschritten der mathematischen Wissenschaften, als das erstere.

Das Jahr 1453, so unheilvoll für das morgenländische Kaisertbum, war für die abendländische Cultur von hoher Bedeutung. Griechische Gelehrte flohen vor den osmanischen Horden nach Westen, besonders nach Italien und Frankreich und brachten dorthin die Kenntniss der griechischen Sprache und ihrer klassischen Werke. Die sogenannten humanistischen Bestrebungen förderten und verfeinerten die Bildung der europäischen Nationen, der rohe Geist des Mittelalters wich dem Genius des Alterthums. Und damit verband die Buchdruckerkunst ihren gewaltigen Einfluss, indem sie in zahlreichen Ausgaben und Auflagen den Werken der Alten eine immense Verbreitung gab. Das 16. Jahrhundert ist besonders reich an solchen Uebersetzungen und Ausgaben; die späteren Zeiten erlahmten über ihren eigenen, grossen Fortschritten immer mehr an der Achtung für die Wissenschaften des Alterthums, die ihnen den Sporn und die Mittel zu jenen Erfolgen gegeben. Doch schon in diesem Jahrhundert waren es weniger grosse Mathematiker, die sich mit den Uebersetzungen der Alten beschäftigten, als vielmehr gelehrte Buchdrucker, und an Städten, die durch solche berühmt waren, glänzten vor Allem aus Venedig, Basel, Genf, Paris und Strassburg hervor. Wenn man auch der Bildung und den Bestrebungen dieser Männer alle Achtung zu Theil werden lassen muss, so waren doch meistens ihre mathematischen Kenntnisse nicht auf derjenigen Höhe, dass sie eine wissenschaftlich genaue, alle Ansprüche befriedigende Uebersetzung erwarten lassen konnten. Um so mehr ist es daher zu bedauern, dass nicht Mathematiker von Beruf sich verpflichtet fühlten, jene gewiss bedeutende Lücke auszufüllen. Wie unendlich viel schneller und sicherer wäre die Entwicklung der Wissenschaften vor sich gegangen, wenn die Klarheit und Praecision der alten Schriften ihr als leitendes Medium zur Seite gestanden wäre!

Wie oben schon bemerkt worden, hat Lucas de Burgo am Ende des 15. Jahrhunderts den Euklid aus dem Griechischen ins Italienische übersetzt und die Uebersetzung dem Drucke übergeben; es ist dies die erste gedruckte Ausgabe. Der Italiener Lamberti gab im Jahre 1505 eine lateinische Uebersetzung, ebenfalls nach dem griechischen, die im Jahr 1537 von dem Buchdrucker Venatorius zu Basel im Druck herausgegeben wurde, die erste lateinische Ausgabe. 1533 hatte derselbe Buchdrucker den griechischen Text des Euklid veröffentlicht. So folgten sich die Werke der wichtigsten Schriftsteller in zahlreichen Ausgaben: Die Kegelschnitte des Apollonios, die Werke des Archimedes, der Almagest des Ptolemaeos, die Collectiones mathematicae des Pappos und viele andre berühmte Schriften fanden zahlreiche Uebersetzer und Commentatoren. Der berühmteste und in Mathematik bewandertste derselben ist wohl Commandinus, der eine grosse Menge Uebersetzungen publicirte. Die hauptsächlichste und vortrefflichste ist die des Pappos.

Doch unser Zweck ist es hier nicht, ein Bücherverzeichniss zu geben; gehen wir zur Entwicklung der Wissenschaft im 16. Jahrhundert über.

Um ein lebendigeres Bild des organischen Zusammenhanges in dem Fortschritte jeder einzelnen Disciplin und der letztern unter sich vor Augen zu haben, ist es nothwendig, jedes Gebiet für sich getrennt zu behandeln; denn die Phasen der Entwicklung stehen in innigerem Zusammenhang als früher; die Erfindungen und Neuerungen folgen sich in engeren Zeiträumen. — Ich werde im Folgenden zuerst die Algebra und Analysis, dann die Geometrie und zuletzt die Astronomie meiner Betrachtung unterbreiten.

Was Lucas de Burgo am Ende des XV. Jahrhunderts in seinem Werke „*Summa de arithmetica etc.*" über Algebra geschrieben, hat kurze Zeit nachher die Aufmerksamkeit der hervorragendsten Geister auf dieses Gebiet gelenkt. Der genannte Mathematiker hatte, wie schon oben angeführt worden ist, nur das von den Arabern her Bekannte in seine Betrachtung hineingezogen; es war nichts natürlicher, als dass man, die Gleichungen II. Grades einmal gelöst, zu der Auflösung derjenigen III. und höhern Grades überging. Und wirklich wurde in kurzer Zeit Alles geleistet, was überhaupt auf diesem speciellen Gebiete der Algebra möglich war, die Gleichungen III. und IV. Grades wurden algebraisch gelöst.

Um einen Begriff des Zustandes der Algebra in dieser ersten Zeit ihrer Entwicklung zu haben, ist es am Platze, hier einen Augenblick bei dem Werke des italienischen Mathematikers zu verweilen. Die Buchstabenrechnung war Lucas de Burgo noch nicht bekannt, nur für die unbekannte und ihr Quadrat hatte man ein eigenes Zeichen. Erstere bezeichnete man gewöhnlich mit ℞, indem die unbekannte Zahl *res* oder bei den Italienern *cosa* genannt wurde; daher für die Algebra auch der Ausdruck *arte della cosa* oder bei den Deutschen *Regel Coss*. Für das Quadrat der Unbekannten, das die Italiener „*il censo*" nannten, hatte man wieder andre Zeichen, z. B. (2); die bekannte Zahl hiess *numerus*. Die Zeichen $+$, $-$, $=$ wurden durch die Anfangsbuchstaben der betreffenden Worte ausgedrückt; das Zeichen — aber soviel als möglich vermieden. Denn die negativen Wurzeln beachtete man damals noch nicht; man wählte daher auch nur solche Zahlenbeispiele, bei denen keine solchen zum Vorschein kamen. Daher rührt auch die strenge Unterscheidung der verschiedenen Fälle bei der Auflösung, die die Sache ungeheuer complicirt machte und ihr jene Einfachheit, Klarheit und übersichtliche Anschauung nicht zu Theil werden liess, deren die Algebra heutzutage in so hohem Masse geniesset.

Die drei Fälle der Auflösung quadratischer Gleichungen waren bei Lucas de Burgo, in unsrer heutigen algebraischen Sprache ausgedrückt, folgende:

1) $x^2 + mx = n$; $x = -\frac{1}{2}m + \sqrt{\frac{1}{4}m^2 + n}$

2) $x^2 - mx = n$; $x = +\frac{1}{2}m + \sqrt{\frac{1}{4}m^2 + n}$

3) $x^2 - mx = -n$; $x = +\frac{1}{2}m \pm \sqrt{\frac{1}{4}m^2 - n}$

Wir sehen, dass also, um die negativen Wurzeln zu vermeiden, meistens nur eine Wurzel der Gleichung in Berücksichtigung gezogen werden konnte; nur beim letzten Falle waren beide brauchbar, wenn wenigstens die Quadratwurzel nicht imaginär war.

Lucas de Burgo hat die Auflösung der drei verschiedenen Fälle in lateinische Verse gesetzt, was bei mathematischen Problemen zu damaliger Zeit nicht selten war, wahrscheinlich zur Erleichterung für das Gedächtniss.

Der erste Fall wird folgender Weise behandelt:

„*Si res et census numero coequantur, a rebus*
„*Dimidio sumpto, censum producere debes*
„*Addereque numero, cujus a radice totius*
„*Tolle semis rerum, census latusque redibit.*"

Den Fall $x^2 + mx = -n$ liess man natürlich weg, denn hier sind beide Wurzeln negativ, wenn sie reell sind. — Die imaginären Fälle waren selbstverständlich noch von einem höheren Grade der Unmöglichkeit als die negativen; man findet in den Werken jener Zeit dieselben nicht einmal erwähnt.

Dass negative Wurzeln nicht berücksichtigt wurden, liegt in dem Umstande, dass man sich noch keinen Begriff von absolut negativen Zahlen machen konnte. Man anerkannte die Operation der Subtraction nur so lange, als der Minuend grösser war als der Subtrahend; die Fortsetzung des Zahlensystems über die Null hinaus rückwärts gehört einer spätern Zeit an.

In der ersten Hälfte des XVI. Jahrhunderts hat, wie Cardanus im Anfang seines algebraischen Werkes selbst bezeugt, der Italiener Scipio Ferres die Auflösung der cub. Gleichung $x^3 + px = q$ gefunden. Cardanus gibt in seinem Werke einen kurzen Ueberblick über die Geschichte der Algebra. Er sagt darin unter Anderem:

Haec ars olim a Mahomete Mosis Arabis filio initium sumpsit. — Verum temporibus nostris, Scipio Ferreus Bononiensis, capitulum cubi et rerum numero aequalium invenit, rem sane pulchram et admirabilem."

Unter dem angegebenen Erfinder der Algebra versteht Cardan den berühmten arabischen Mathematiker Mohammed-ben-Musa.

Weiter lernen wir von Cardan, dass fast zu gleicher Zeit **Nicolaus Tartaglia** durch einige Andeutungen eines Schülers von Ferreo auf das nämliche Thema geführt wurde und in der Auflösung desselben ebenfalls reüssirte. Tartaglia theilte hierauf Cardan seine Erfindung mit *(id mihi multis precibus exoratus tradidit)*, worauf dieser durch Auflösung der übrigen Fälle und durch Hinzufügung der Beweise die Erfindung vervollständigte und in seiner *Ars magna* publicirte. Die Formeln der Auflösung, wie wir sie heutzutage haben, werden daher auch mit Recht die Cardanischen genannt.

Wir wollen im Folgenden etwas näher auf dieses für die Algebra so wichtige und bahnbrechende Work eintreten.

Dasselbe erschien zuerst 1545 im Druck unter dem Titel: „*Cardani, artis magnae sive de regulis algebraicis liber unus.*" Es enthält im Anfang den oben angeführten kurzen geschichtlichen Ueberblick, welchem einige allgemeine Betrachtungen über die Auflösung der Gleichungen folgen, die für uns äusserst interessant sind. Wir finden darin nämlich zum ersten Mal die negativen Wurzeln einer Gleichung berücksichtigt. Cardan spricht zuerst von den Potenzen und sagt, dass die geraden eine doppelte Auflösung zulassen: „*Si igitur par denominatio numero aequalis sit, rei aestimatio duplex est, $\bar{m}$ (minus) et $\bar{p}$ (plus), alteraque alteri aequalis; velut, si quadratum aequetur 9, res (radix) est 3 vel $\bar{m}$ 3.*" Von den Potenzen schliesst er dann auf die Gleichungen und unterscheidet bei diesen solche mit lauter geraden, solche mit lauter ungeraden, und solche mit lauter gemischten Potenzen und Unbekannten. Die ersteren haben natürlich immer zu einer positiven Wurzel eine gleiche negative, und dieses Gesetz suchte Cardan auf alle andern Gleichungen auszudehnen. Wo es nicht ging, wie z. B. bei der vollständigen Gleichung II. Grades und bei den Gleichungen III. Grades u. s. w. half er sich damit, dass er einfach diejenige Gleichung zu Hülfe nahm, die die nämlichen Wurzeln mit vertauschten Zeichen hatte. So z. B. stellte er der quadratischen Gleichung $x^2 + px + q = 0$ die andere $x^2 - px + q = 0$ zur Seite, um sein Gesetz zur Anwendung bringen zu können. Jetzt hatte er zwei Gleichungen mit vier Wurzeln, von denen je zwei einander gleich sind mit entgegengesetzten Zeichen. Den gleichen Fall fand Cardanus in der Gleichung $x^4 + mx^2 + n = 0$. Wie nahe stand der Mathematiker des 16. Jahrhunderts hier schon dem Probleme, dessen Lösung erst lange Zeit nachher die Entwickelung der Algebra so unendlich befördert hat, der Zerlegung der Gleichungen in ihre Factoren? Wie leicht hätte er vermittelst dieser Discussion der negativen und positiven Wurzeln zu der Entdeckung gelangen können, dass jene Gleichung IV. Grades das Produkt der beiden quadratischen Gleichungen sei? Das Material zu der Untersuchung lag, mit Ausnahme der Kenntniss der imaginären Wurzeln, grösstentheils da, aber der Geist jener Zeit war für solch ernstere Probleme wenig geeignet. Ganze Bände konnte man über die wunderbaren Eigenschaften der Gleichungen schreiben; aber sich zu dem zu erheben, was für den Augenblick nicht von Nutzen und nicht interessant genug schien, wagte man nicht. Gleichsam spielend sind die Resultate jener Zeit zu Tage gefördert worden; ein tieferes Eindringen in das Wesen und die systematische Entwicklung der Sache ging der Wissenschaft damals noch ab. Doch verdanken wir Cardanus immerhin die Aufmerksamkeit, die von jetzt an immer mehr der Verschiedenartigkeit und Vielheit der Wurzeln geschenkt wurde, obgleich er keineswegs die negativen auf gleiche Höhe mit den positiven gestellt hat, was aus seiner Benennung derselben ersichtlich ist. Die negativen Wurzeln nannte er *radices fictae*, die positiven *radices verae*; die imaginären zog er nicht in Berücksichtigung; wo sie auftraten, lag ein *casus impossibilis* vor.

Im zweiten Kapitel gibt Cardan ein Verzeichniss aller möglichen Fälle der Gleichungen II. und III. Grades und der von diesen abgeleiteten oder auf dieselben zurückführbaren IV., VI. und IX. Grades. Der ersteren Fälle, die er *capitula primitiva* nennt, unterscheidet er 22, der letztern (*capitula derivativa*) 44. Wir sehen in diesen Zahlen die Weitläufigkeit und Complicirtheit der algebraischen Regeln zu jener Zeit, die erst durch die Erfindung der Buchstabenrechnung auf einige wenige Hauptfälle zurückgeführt wurden.

In den nächstfolgenden Kapiteln finden wir die Auflösung der 3 Fälle der Gleichungen II. Grades. Interessant sind

die geometrischen Beweise, die er denselben zu Grunde legt.
Ich gebe den des ersten Falles im Folgenden kurz an:

Das Zahlenbeispiel, das Cardan wählt, ist $x^2 + 6x = 91$.
Es sei nun in Fig. 15 das Quadrat $FD = x^2$, seine Seite also
x; ferner $DG = DB$, jedes $= 3 = $ der Hälfte des Coëfficienten
von x; man vervollständige das Quadrat $AFEC$, so ist, da
$AB = x$, das Rechteck $AD = $ Rechteck $DE = 3x$. Das Quadrat
FD mit den beiden Rechtecken AD und DE ist also $x^2 + 6x$,
oder nach unsrer Gleichung 91; das kleine Quadrat DC ist
aber nach der Construction $= 9$, mithin das ganze $FC = 100$,
seine Seite AC also 10 und hieraus, da $BC = 3$, AB oder x
$= 7$, welches Resultat auch nach der algebraischen Lösung
erhalten wird. Diese geometrische Deutung gibt Cardan
allen 3 Fällen der Gleichung 2. Grades und leitet daraus
die algebraischen Regeln ab.

Schon schwieriger ist dieses Beweisverfahren bei den
Gleichungen 3. Grades; doch führt es Cardan bei allen
Fällen durch. Ich begnüge mich aber mit dem vorigen
Beispiel; man wird daraus leicht erkennen, wie er im Weiteren zu Werke ging. Um einen Begriff von der damaligen
algebraischen Bezeichnungsweise zu geben, führe ich kurz
die Auflösung des ersten Falles der cubischen Gleichung
nach Cardan an. Dieser Fall ist $x^3 + px = q$. Als Zahlenbeispiel nehme ich $x^3 + 6x = 20$, dieses ist bei Cardan:
cubus p̄. 6 rebus æqualis 20. Die Auflösung hat die Form:

$$\text{Ŗ. v. cu. Ŗ. } 108 \ \bar{p}. \ 10 \ | \ \bar{m} \ \text{Ŗ. v. cu. Ŗ. } 108 \ \bar{m} \ 10.$$

Ŗ bedeutet hier nicht wie bei andern Mathematikern jener
Zeit die Unbekannte, sondern ist das Zeichen der Quadratwurzel (*radix*). Ŗ. v. cu. heisst *radix universalis cubica*, d. h.
es ist die Kubikwurzel aus dem ganzen Ausdruck bis zum
Strich zu nehmen; $\bar{p}$ und $\bar{m}$ bedeuten wie bekannt $+$ und $-$.

Der Ausdruck ist also in unsre heutigen Formeln übersetzt:

$$\sqrt[3]{\sqrt{108}+10} - \sqrt[3]{\sqrt{108}-10} \quad \text{oder:}$$

$$\sqrt[3]{10+\sqrt{108}} + \sqrt[3]{10-\sqrt{108}}$$

$$\sqrt[3]{\frac{q}{2} + \sqrt{\frac{q^2}{4}+\frac{p^3}{27}}} + \sqrt[3]{\frac{q}{2} - \sqrt{\frac{q^2}{4}+\frac{p^3}{27}}}$$

Das Werk „*de arte magna*" hat im Ganzen 40 Kapitel, die über die mannigfachsten Eigenschaften der Gleichungen, über die verschiedenartigsten Aufgaben II. und III. Grades und über die mehrfache Art ihrer Auflösung, handeln. Im 39. Kapitel gibt Cardan noch die Auflösung der Gleichungen IV. Grades, deren Erfindung aber nicht ihm, sondern wie er selbst sagt, einem seiner Schüler **Ludovico Ferrari** angehört. Auch hier legt er wiederum zuerst die geometrische Deutung zu Grunde und gibt dann nach dieser die Regeln zur algebraischen Auflösung. Wie jetzt noch die Lösung der Gleichung IV. Grades auf die Auffindung einer **cubischen Hülfsgleichung** zurückgeführt wird, so bildet auch bei Ferrari diese Reduction den Kernpunkt des Problems; die Art und Weise aber, wie er zu dieser Hülfsgleichung (*Eulers Resolvente*) gelangt, ist bedeutend verschieden von der jetzigen, gewöhnlichen Methode. Liegt z. B. die Gleichung IV. Grades vor: $x^4 + 6x^2 + 36 = 60 x$, so handelt es sich nach Ferrari darum, beide Seiten der Gleichung durch Hinzufügen von bestimmten Ausdrücken zu vollständigen Quadraten zu machen, um daraus die Quadratwurzeln ziehen zu können. Schreiben wir zu diesem Zwecke die Gleichung so:

$$x^4 = 60\,x - 6x^2 - 36$$

und addiren auf beiden Seiten $2ax^2 + n^2$, so erhalten wir
links: $\quad x^4 + 2ax^2 + n^2 = (x^2 + n)^2$
und rechts: $\quad x^2(2n - 6) + 60\,x + n^2 - 36$.

Damit dieser Ausdruck auch ein vollständiges Quadrat sei, ist nothwendig, dass:

11

$$30^2 = 900 = (2n - 6)(n^2 - 36) \quad \text{sei.}$$

Hieraus resultirt die Gleichung:

$$n^3 - 3n^2 - 36n - 842 = 0.$$

und diess ist die cubische Hülfsgleichung Ferrari's. Hat man n daraus gefunden, so erhält man durch Einsetzung desselben in die obigen Gleichungen eine quadratische Gleichung von der Form:

$$x^2 + n = x + f(n)$$

woraus x gefunden wird.

Man kommt natürlich noch auf andre Weise zu demselben Ziele, aber das Grundprinzip ist immer die Vervollständigung der beidseitigen Glieder zu Quadraten.

Ungefähr zu gleicher Zeit mit Cardan und Ferrari lebte zu Bologna der Mathematiker **Raphael Bombelli**, dessen Werk über die Algebra im Jahr 1589 erschien. Er beschäftigt sich darin hauptsächlich mit den Gleichungen III. und IV. Grades und hat die Auflösung derselben mit einigen schönen Resultaten bereichert.

Man verdankt ihm hauptsächlich eine eingehendere Betrachtung des sog. irreducliblen Falles. Cardan, der diesen Fall auch erwähnt, hatte sich noch nicht an die Discussion desselben gewagt.

Bombelli sah ein, dass die Auflösung immer möglich sei, trotz der imaginären Quadratwurzel und versuchte seine Behauptung sogar zu beweisen; wie er dabei ausgekommen, weiss ich nicht; sein Werk ist mir nicht zu Handen gekommen. In einigen Fällen hat er die Auflösung auch gefunden, indem es ihm gelang, die dritte Wurzel aus den beiden complexen Binomen, deren imaginären Theil er als reell behandelte, zu ziehen. Er erhielt so 2 complexe Ausdrücke mit gleichen, nur entgegengesetzten imaginären Theilen; ihre reelle Summe war eine Wurzel.

Wir nahen uns dem Zeitpunkte, wo die Algebra durch die Einführung der Buchstabenrechnung die grossartigste Umgestaltung erfahren hat, durch welche sie allein zu den bewunderungswürdigen Fortschritten befähigt wurde, die sie kurze Zeit nachher begonnen und bis auf den heutigen Tag ununterbrochen fortgesetzt hat. Und wie klein ist der Schritt, den Vieta gethan, im Vergleich zu den erlangten Resultaten; leicht, ich möchte sagen, selbstverständlich scheint er vom heutigen Standpunkt aus gewesen zu sein und gerade dies ist es, was diese Erfindung mit den segens- und erfolgreichsten ähnliches hat: Die Erfindung der Buchstabenrechnung ist die der Buchdruckerkunst der Mathematik.

Franciscus Vieta wurde 1540 zu **Fontenay in Poitou** geboren und starb 1603 zu **Paris**. Seine während seiner Lebzeit nur einzeln erschienenen Schriften wurden nach seinem Tode mehrfach herausgegeben. Die vollkommenste und schönste Ausgabe ist die des Leydener Professors Franciscus von Schooten, 1646.

In den ersten beiden Abhandlungen des Werkes erklärt Vieta die Grundoperationen der Arithmetik und löst die einfachsten Aufgaben über Proportionen und Regel de tri nach der neuen Methode, durch Einführung der Buchstaben an Stelle der bestimmten Zahlen. Diese neue Arithmetik wird von ihm Logistica speciosa im Gegensatz zu der logistica numerosa der Alten genannt. Ganz wie unsere heutige algebraische Bezeichnungsweise war diejenige Vieta's noch nicht. Für Potenzen etc. brauchte er keine bestimmten Zeichen, sondern wandte die vollständigen Worte an; der Ausdruck:

$$a^3 + 3a^2b + 3ab^2 + b^3 = (a+b)^3$$

wurde z. B. folgendermassen dargestellt:

a cubus + b in a quadr. 3 + *a in b quadr.* 3 + *b cubo*
aequalia a + b cubo.

Bei Zahlenbeispielen hingegen wurde die unbekannte Grösse mit N, ihr Quadrat mit Q und der Cubus mit C u. s. f. bezeichnet, so dass die Gleichung

geschrieben wurde:
$$x^3 - 8x^2 + 16x = 40$$
$$1 C - 8 Q + 16 N \; aequal. \; 40.$$

Unser Gleichheitszeichen, sowie ein Zeichen für die Multiplikation hatte man also noch nicht; das Wurzelzeichen war das nämliche wie heutzutage. In dem Buche: „*De recognitione et emendatione aequationum*" handelt Vieta zuerst von den verschiedenen Formen, unter denen die Gleichungen auftreten, oder in die man sie bringen kann und von der Art, wie man sich dieselben entstanden und abgeleitet denken kann. In letzterer Hinsicht führt er die Gleichungen aller Grade auf die Proportionen zurück. So sagt er z. B.: Wenn die Gleichung zweiten Grades:
$$x^2 + bx = c^2$$
besteht, so ist x die eine äussere, c die mittlere und b die Differenz der beiden äussern von 3 proportionalen Grössen; denn aus der Proportion: $x : c = c : b + x$ folgt obige Gleichung. Die Lösung der letzten ist daher gleichbedeutend mit der Aufgabe: Die eine der äussern von 3 Proportionallinien zu finden, wenn die mittlere und die Differenz zwischen den äussern gegeben.

Diese geometrische Ableitung gibt er auch den Gleichungen dritten Grades in den verschiedensten Fällen.

Im Weiteren geht er dann auf die Auflösungen der Gleichungen selbst über. Sein Hauptprinzip dabei ist die Reduction. Die Gleichungen zweiten Grades löst er, indem er durch geeignete Substitution für die Unbekannten die erste Potenz derselben wegschafft. Die vollständige Gleichung dritten Grades reducirt er ebenfalls durch Substitution auf diejenige, die nur noch den Cubus und die erste Potenz der Unbekannten enthält; und diese cubische Gleichung löst er durch Reduktion auf eine quadratische. Das Prinzip der Auflösung der quadratischen Gleichung und die Reduction der vollständigen cubischen ist im Allgemeinen das gleiche bei Vieta wie bei Cardan und wie heutzutage noch; aber die Zurückführung der reducirten cubischen Gleichung auf eine quadratische ist Vieta's eigenthümliches Produkt.

Und in der That bietet diese Lösung ein aussergewöhnliches Interesse dar, indem sie eben zeigt, wie consequent Vieta die nämliche Methode in allen Fällen durchgeführt und so eine ausgezeichnete Systematik in das Gebäude der Algebra gelegt hat. Sein Verfahren bei der Auflösung der Gleichung III. Grades ist kurz folgendes:

Die cubische Gleichung sei $x^3 + ax + b = 0$. Durch die Substitution: $x = \dfrac{\frac{1}{3}a - z^2}{z}$ erhält sie die Form: $z^6 - bz^3 - \frac{1}{27}a^3 = 0$. Setzt man $z^3 = x_1$, so reduzirt sich diese Gleichung auf eine solche II. Grades, woraus x_1, dann durch Ausziehen der Cubikwurzel z und hierauf durch Einsetzung in obige Substitutionsformel x erhalten wird.

Zu bemerken ist, dass wohl auch diese Lösung in ihren Grundprinzipien auf diejenige Cardans herauskömmt; doch ist der Gedankengang dabei ein andrer und jedenfalls ist es ein grosses Verdienst Vieta's, durch diesen Gang der Auflösung das bei ihm überall hervortretende System der Reduction auch hier mit dem schönsten Erfolg angewandt zu haben. Auch bei der Gleichung IV. Grades bleibt Vieta seinem Prinzipe treu; die Reduction führt auf die bekannte cubische Hülfsgleichung, im Wesentlichen geht er mit Ferrari.

Das letzte Kapitel des Buches „*de emendatione aequationum*" enthält noch eine Entdeckung Vieta's, die wir hier nicht weglassen dürfen, um so mehr, da sie eine der wichtigsten und erfolgreichsten der Algebra ist. Vieta zeigt nämlich, dass, wenn bei der quadratischen Gleichung der Coëfficient von x die Summe zweier Zahlen ist, deren Produkt zugleich die bekannte Zahl bilden, jede dieser beiden Zahlen eine Wurzel der Gleichung sei. Und diesen Satz dehnt er auf alle höhern Gleichungen aus nach dem bekannten Gesetze. Doch waren die analytischen Kenntnisse jener Zeit noch nicht so weit vorgeschritten, um selbst einen Vieta von diesem Gesetze auf die Existenz der Factoren einer Gleichung schliessen zu lassen.

Die Einführung der Buchstabenrechnung in die Algebra war zugleich der Anfang der Anwendung dieser Wissenschaft auf die Geometrie, welcher Verbindung wir auf dem Gebiete beider Disciplinen die schönsten Erfolge zu verdanken haben. Und diesen Fortschritt schulden wir in grösstem Masse Vieta. Schon die früher erwähnte Zurückführung der Gleichungen zweiten Grades auf Aufgaben über Proportionen und Proportionallinien können wir gleichsam als Einleitung zu diesem neuen Felde betrachten. Doch geht Vieta schon viel weiter. Auch die Gleichungen dritten Grades sucht er auf geometrische Probleme zurückzuführen und zu konstruiren und gelangt dabei zu den schönsten Resultaten. Der Raum meines Buches erlaubt mir nicht, über diesen Gegenstand ausführlicher zu sein; ich gebe im folgenden nur die Hauptmomente der Lösung. Vieta fand, dass die Construction der Gleichungen dritten Grades im Allgemeinen gleichbedeutend sei mit der Auflösung der beiden alten Probleme, der Verdoppelung des Würfels und der Dreitheilung des Winkels, bekanntlich Aufgaben, die nur durch Kegelschnitte oder Curven höherer Ordnung gelöst werden können. Interessanter aber ist die Erfindung Vieta's, dass das erstere Problem die Lösung aller cubischen Gleichungen in sich schliesst, bei denen die Quadratwurzel in der cardan. Formel reell ist, das zweite Problem aber nur den irreductiblen Fall. Die Lösung dieses letztern beruht auf folgender Construction. Man sucht die Basis eines gleichschenkligen Dreieckes, dessen Schenkel aus den Coöfficienten der cubischen Gleichung abgeleitete Werthe haben und dessen Winkel an der Grundlinie ein Drittel desjenigen eines andern gleichschenkligen Dreieckes ist, dessen sämmtliche 3 Seiten aus den gegebenen Coöfficienten der Gleichung construirt sind. Diese Basis ist eine Wurzel der Gleichung;

die andern beiden erhält man sofort durch einfache lineare Construction. Wie gesagt, ist jene Winkeltheilung geometrisch nur möglich mit Hülfe der Kegelschnitte oder von Curven höheren Grades, wie die Konchoide des Nikomedes, von der wir im III. Kapitel gesprochen haben.

In diesen und andern interessanten analytisch-geometrischen Untersuchungen Vieta's, auf die wir aber nicht weiter eingehen können, liegt der erste Keim der analytischen Geometrie, deren Ausbildung zu einem vollkommenen System dem grossen Descartes aufbewahrt war.

Wir verlassen hier den Begründer der modernen Algebra, um noch kurz einige andere Männer in unsere Betrachtung zu ziehen, die auf diesem Gebiete einige Auszeichnung verdienen. Unter den vielen deutschen Algebristen und und Arithmetikern des XVI. Jahrhunderts, die, wie Wallis es bei den Engländern thut, Kaestner in seiner Geschichte der Mathematik wohl aus zu grossem Ruhmeseifer für seine Nation der Aufzählung würdig hält, können wir nicht umhin nur zwei hier anzuführen: **Michael Stifel** und **Christoph Rudolff**. Des ersteren Werk „*arithmetica integra*" (1544), enthält einige nennenswerthe Abhandlungen; z. B. über das Verhältniss der arithmetischen zu den geometrischen Progressionen, worin Stifel, freilich unbewusst der zukünftigen hohen Bedeutung dieses Gegenstandes, die eigentliche Theorie der Logarithmen auseinandergesetzt hat. Auch die Quadratur des Zirkels, damals noch in vollem Schwunge, beschäftigte ihn. Bezeichnend für die sophistischen, unmathematischen Schlüsse jener Zeiten ist wohl ein Beweis für die Quadratur des Zirkels, den Michael Stifel in sein Buch als von frühern Mathematikern herrührend aufgenommen hat. Er lautet: Es gibt ein Quadrat, grösser als ein gegebener Kreis und auch eines kleiner; folglich auch eines ebenso gross.

Mathematikern der scholastischen Schule, die das Wesen der Mathematik niemals ernst genug erfassen konnten, musste so ein Beweis wohl einleuchten. Christoph Rudolfs Buch, betitelt: „*Die Coss*", erschien 1524, später durch Stifel vermehrt und verbessert (1554). *Regel Coss* hiess, wie früher schon bemerkt wurde, bei den Deutschen die Algebra in der ersten Zeit, von *regula della cosa* (Unbekannte) wie sie die Italiener nannten, hergeleitet. Dieses Werk enthält die Auflösungsregeln der Gleichungen ersten und zweiten Grades mit verschiedenen Commentaren und den mannigfaltigsten Aufgaben. Auch arithmetische Werke sind uns von diesen beiden Mathematikern bekannt. Rudolf behandelt in seiner „künstlichen Rechnung" die verschiedenen abgekürzten Verfahren in den arithmetischen Grundoperationen, die arithmetischen und geometrischen Progressionen, etc. und lässt einen nützlichen Einblick in die mathematische Bezeichnungsweise jener Zeit thun. So findet man bei Rudolf zum ersten Mal die Zeichen $+$ und $-$, während zu jener Zeit, bis beinahe auf Vieta, die französischen und italienischen Mathematiker die Anfangsbuchstaben der Wörter *plus* und *minus* benutzten. Auch das Zeichen ($\times$) für die Multiplikation braucht schon Rudolf. Die Benennungen für Potenzen und Wurzeln sind meistens den Italienern nachgebildet. Die erste Potenz nennt Rudolf *radix*, die zweite *census*, (ital. *censo*), die dritte *cubus*, die vierte *zensdezens* u. s. w. Die Bezeichnungen dafür sind von den verschiedensten Formen.

Von Algebristen andrer Nationen habe ich zu nennen den Franzosen **Jean Buteon**, der schon vor Vieta für die Unbekannten der Gleichungen die Buchstaben des Alphabetes anstatt bestimmter Zeichen eingeführt haben soll; ferner den Engländer **Leonard Digges**, der ein Buch über die Algebra herausgegeben hat. Andre Männer, die die Literatur dieser Wissenschaft durch ihre Schriften bereicherten, werde ich theilweise später gelegentlich anführen, theilweise ganz unberücksichtigt lassen, insofern dieses einem anschaulichen Bilde der Entwicklung der Mathematik keinen Abbruch thut. Bei Betrachtung der Zeiten des Wiederaufleben der

Wissenschaften ist es vor Allem nothwendig, den Faden der Entwicklung niemals aus dem Auge zu verlieren; denn diese Periode scheint mir vor Allen die wichtigste; in ihr vereinigte sich der belebende Einfluss des wieder neu erstandenen Alterthums mit dem lodernden Geiste der Zeit, um die noch schlummernden Keime der Wissenschaften plötzlich zu erwecken und in einem ununterbrochenen raschen Stufengang auf einen bestimmten Höhepunkt der Ausbildung zu bringen, von dem aus ihre Fortschritte einen ruhigeren gemässigteren Verlauf nahmen und daher auch die Geschichte einen freieren, ungezwungneren Spielraum hat.

Die Geometrie nahm in diesem Jahrhundert nicht jenen gewaltigen Aufschwung, wie wir ihn bei der Algebra beobachtet haben, obgleich auch ihre Fortschritte diejenigen der gesammten Jahrhunderte des Mittelalters übertreffen.

Das Erwachen der humanistischen Bildung, das dadurch herbeigeführte genaue Studium der alten Geometer, besonders eines Apollonius und die glänzenden Resultate der Algebra vermochten auch der Geometrie neue Bahnen zu eröffnen und ihr wiederum jene Stelle zu verschaffen, die sie im Alterthum hatte und die ihr als Wissenschaft gebührt.

Unter den Geometern Italiens, das auch auf diesem Gebiete die hervorragendste Stellung einnimmt, haben wir vorerst Nicolaus Tartaglia von Brescia zu nennen, den wir schon als den Erfinder der Auflösung der Gleichung III. Grades kennen gelernt haben. Ausser seinen Uebersetzungen des Euklid und des Archimed hat man von ihm das Werk „*de numeris et mensuris*", das eine grosse Menge geistreicher Sätze und Aufgaben in sich schliesst. Unter anderm verdankt man ihm auch die Berechnung der Dreiecksfläche aus den drei Seiten.

Tartaglia's Leben war vielfach getrübt durch neidische Anfechtungen, die er von verschiedenen Seiten zu erdulden hatte; er starb 1557.

Wir haben früher schon des berühmten Commentators der Alten, Commandinus von Urbino erwähnt. Nicht ganz so glücklich in seinen eigenen Produkten wie in Uebersetzungen, verdankt man ihm doch einige ausgezeichnete Abhandlungen, wie diejenige über den Schwerpunkt der Körper, ein für jene Zeit und die damaligen Hülfsmittel nicht so leichtes Feld. Seine philologischen Kenntnisse vereinigt mit der mathematischen Bildung sichern ihm für alle Zeiten einen ehrenvollen Platz in der Geschichte der Wissenschaften.

Des 16. Jahrhunderts grösster Geometer ist unstreitig **Maurolycus** von Messina. Er ist der erste, der das vollendete Werk des grossen Apollonios mit neuen Erfindungen bereichert hat. Er stellte das verloren gegangene V. Buch desselben, „*de maximis et minimis*" wieder her. Sein Hauptverdienst aber ist seine ausgezeichnete Behandlung der Kegelschnitte, die er in Verbindung mit dem Kegel selbst betrachtete. Vor Allem hat er die Theorie der Tangenten und Asymptoten, die von Apollonios am wenigsten berücksichtigt wurden, in den Kreis seiner Betrachtung gezogen und dieselbe auf sehr geistreiche Weise mit verschiedenen physikalischen und astronomischen Problemen in Beziehung gebracht. In letzterer Hinsicht hat er z. B. gezeigt, dass die Schattenspur der Spitze eines Gnomons immer ein Kegelschnitt sei, dessen Art aber nach der Lage der Ebene, auf die der Schatten fällt, variire.

Seine geometrische Behandlungsweise, die in Bezug auf Eleganz und Klarheit nichts zu wünschen übrig lässt, hat lange Zeit nachher unter den grössten Mathematikern Nachahmer gefunden. Seine Blüthezeit fällt in die Mitte des XVI. Jahrhunderts.

Peter Ramus ist der berühmteste der französischen Geometer jener Periode. Er trat als der erste an der Universität Paris gegen die scholastische Behandlungsweise der Philosophie, gegen das Primat des Aristoteles auf und empfahl dafür eine rationellere Methode in den Wissenschaften und besonders eine grössere Achtung vor der Mathematik. Doch der Sieg war ihm noch nicht vergönnt; seine Zeit war noch zu wenig entfernt von jenen dunkeln Tagen des Mittelalters, in denen jene philosophischen Schulen das absolutistische Scepter geführt haben.

Seine mathematischen Schriften gehen allerdings wenig über die Leistungen des Alterthums hinaus, aber ihre Klarheit und philosophische Tiefe zeugen von dem ausserordentlichen Geiste dieses Mannes. Man hat von ihm die *Scholæ mathematicæ* in 31 Büchern, deren drei erste über die Geschichte und den Nutzen der Mathematik, allerdings von etwas zu egoistischem Standpunkt aus, handeln; in den übrigen unterwirft er die verschiedenen Bücher Euklids und seine Methode einer genauen Kritik, die aber von seinen Zeitgenossen und Nachfolgern nicht gebilligt worden ist. Er hat dann auch wirklich in seiner Arithmetik und Geometrie einen andern Weg eingeschlagen, als es Euklid in seinen Elementen gethan hat. Obgleich auch dieser Abfall von der Lehrweise des grossen Griechen keineswegs Anhänger fand, so zeugt dennoch sein Werk von einer nicht gewöhnlichen Gelehrsamkeit.

Die niederländischen Geometer **Simon Van-elck** latinisirt *a Quercu*, **Adrianus Romanus** und **Ludolph van Ceulen** haben sich besonders mit der Berechnung des Verhältnisses von Umfang und Durchmesser beschäftigt und der letztere hat dasselbe sogar auf 35 Ziffern genau berechnet, so dass diese Zahl lange Zeit nach ihm allgemein die Ludolph'sche genannt wurde. Der erstgenannte Mathematiker war einer von den vielen Gelehrten des Jahrhunderts, die die Unmöglichkeit der Quadratur des Zirkels noch nicht einsehen wollten. Wenn wir alle Namen aufzählen wollten, die die Geschichte dieses Problems als seine Verfechter aufzuweisen hat, so würden wir eine reine Unmöglichkeit unternehmen, abgesehen von der Unfruchtbarkeit eines solchen Versuches. Aber es bezeichnet wohl am besten den Charakter jener

Zeitperiode und den Höhepunkt der Entwicklung der Geometrie, wenn ein Problem, das schon die Geometer des Alterthums als unlösbar erkannten, 17 Jahrhunderte nachher die höchste Blüthe erreichte und selbst Männer zu seinen Anhängern zählte, die unter die hervorragenden Mathematiker gestellt wurden.

Der Portugiese **Pedro Nunnez**, bekannter unter dem Namen **Nonius**, lebte ebenfalls um die Mitte des 16. Jahrhunderts. Sein hauptsächlichstes Werk ist betitelt: „*de crepusculis*". Er gibt darin eine vollständige, für den damaligen Stand der Naturwissenschaften ausgezeichnete Theorie der Dämmerung, die besonders in Bezug auf die Frage der geringsten Dämmerung, oder die Bestimmung des Sonnenortes in diesem Momente, den Untersuchungen neuerer grosser Gelehrten über diesen Punkt nicht nachsteht. Bekannter ist Nonius durch die Erfindung der nach ihm benannten Massstabtheilung.

Einer der ersten Geometer Deutschlands, das gerade auf diesem Gebiete eine grosse Zahl von Namen aufzuweisen hat, ist **Johannes Werner** von Nürnberg. Er lebte im Anfang des Jahrhunderts und ist vielleicht der einzige aus der grossen Reihe deutscher Mathematiker jener Zeit, die sich auf einen etwas höhern Standpunkt zu stellen vermochten. Sein Abriss der Theorie der Kegelschnitte, seine Lösung des alten Problems dritter Ordnung, eine Kugel durch eine Ebene nach gegebenem Verhältniss zu theilen, seine Versuche, einige analytische Abhandlungen des Apollonius zu ergänzen und verloren gegangene zu restituiren, seine Arbeiten in der Trigonometrie und andern Theilen der Mathematik rechtfertigen dieses in vollstem Masse. Er starb 1528.

Unter den spätern Mathematikern ist in die Fussstapfen Regiomontans auf dem Gebiete der Trigonometrie **Joachim Rhaeticus** getreten. Er vervollkommnete die trigonometrischen Tafeln, berechnete die Sinus, Tangenten und zum ersten Mal die Secanten der Bogen von Minute zu Minute bis auf 15 Stellen mit einer Genauigkeit, wie sie bis dahin noch nicht erreicht worden war.

Clavius verdient auch durch sein reiches Wissen in die vorderste Reihe der deutschen Mathematiker jener Zeit gestellt zu werden. Seine Abhandlungen sind sehr zahlreich, sowie sein Commentar alter Geometer, besonders des Euklid, zu den vorzüglichsten gezählt werden. Wir kommen später bei der Kalenderreformation noch einmal rühmlichst auf ihn zu sprechen.

Noch erwähne ich der Verdienste des **Peter Apianus** um die Geometrie, besonders die Trigonometrie. Er publizirte im Jahr 1594 eine Uebersetzung des arabischen Mathematikers Geber-ben Aphla, des berühmten Erfinders der Trigonometrie. Apians astronomische Schriften sind ebenfalls sehr zahlreich.

Wir sehen, dass nur wenige der angeführten Geometer die Wissenschaft mit neuen Resultaten und Erfindungen bereichert haben, die Mehrzahl derselben haben bloss allgemeine Lehrbücher, Commentare und Ergänzungen geliefert. Aber keine Zeit ist vielleicht reicher an Werken jeden Inhalts, an allen möglichen Abhandlungen auf dem Felde der Geometrie als gerade diese. Streitschriften über die unbedeutendsten Fragen, weitschweifige Beschreibungen von geometrischen und astronomischen Instrumenten, voluminöse Bände über praktische Arithmetik, über die vier Grundoperationen des Rechnens, über hierbei anzuwendende Kunstgriffe, endlich die zahlreichen Abhandlungen über die Quadratur des Zirkels und andere Probleme, bilden zum grössten Theil die mathematische Literatur jener Zeit. Es hat sich mir daher auch keine Gelegenheit geboten, näher auf die Werke der angeführten Geometer einzutreten, zumal sie eben für einen wesentlichen Fortschritt der Wissenschaft von geringer Bedeutung sind. Erst die durch das Genie eines Vieta angebahnte Anwendung der Algebra auf die Geometrie hat dieser

Wissenschaft einen neuen, mächtigen Impuls gegeben und dem grossen Descartes den Weg zu unsterblichem Ruhme geöffnet.

Kein Gebiet der Wissenschaften hat vielleicht zu allen Zeiten einen grossartigeren Umschwung erfahren, als die Astronomie im 16. Jahrhundert. Copernikus, Galilei und später Kepler sind die Männer, welche jene genialen Theorien und Gesetze schufen, deren gewaltige Kraft und Wahrheit die Herrschaft des so lange verehrten ptolemæischen Weltsystems stürzten. Und um so grösser strahlt der Ruhm des ersteren, da 17 Jahrhunderte lang, seit Aristarch von Samos, kein einziger Vorkämpfer ihm den Weg zu seinem Ziele geebnet hatte.

Das damals wieder erwachende Studium der Alten und eine fleissigere Beobachtung der Natur waren nach des Copernikus eigenem Zeugniss die Wegweiser zu seinen neuen Ideen. In den Schriften der Alten hörte er von den Ansichten der Pythagoräer, besonders des Philolaos und von den Theorien des Aristarch über die Bewegung der Erde, was ihn zu weiterem Nachdenken und Forschen angespornt habe; die zu grossen Unregelmässigkeiten in den Bewegungen der Planeten und der Mangel von Symetrie im ptolemæischen System haben ihn auf die Aufsuchung geeigneterer Erklärungen geleitet und so sei er endlich nach langwierigen, mühsamen Studien zur Vollendung und Veröffentlichung seines neuen Systems gelangt, das ihm, da eben alle Erscheinungen der himmlischen Bewegungen leichter und vollkommener durch dasselbe erklärt werden könnten, das richtigere scheine. Diess sind die äusseren, formellen Gründe, die Copernikus für seine Theorie anführt; die Innern, physischen Ursachen sind bei ihm weniger ausgeprägt und von der Wahrheit weiter entfernt; erst nachdem die berühmten Gesetze Keplers aufgestellt und die grossen physisch-mechanischen Entdeckungen Galilei's erkannt waren, erst da vermochte das allein wahre Weltsystem, gestützt auf unumstössliche Beweise, zur Erkenntniss durchzudringen.

Es konnte daher nicht ausbleiben, dass das neue System sehr mannigfaltige Anfechtungen erlitt. Die formellen Gründe mussten wohl jedem verständigen, mit Mathematik und Astronomie nur etwas vertrauten Manne einleuchten, allein die wesentlicheren physischen riefen von den verschiedensten Seiten eine grosse Reihe von Anfechtungen hervor. Es war auch die Furcht vor solchen Angriffen und Spöttereien, die Copernikus so lange von der Veröffentlichung seines Werkes abhielten; Ermahnungen seiner liebsten Schüler und Freunde brachten ihn endlich in seinem letzten Lebensjahre dazu. Bevor ich näher auf die Grundzüge und die Lehren seines Werkes eingehe, ist es am Platze, Einiges über das Leben dieses grossen Mannes hinzuzufügen.

Nikolaus Copernikus wurde im Jahr 1473 zu Thorn in Preussen geboren. Seine akademischen Studien machte er an der Universität Krakau, von wo aus er im 23. Lebensjahre eine Reise nach Italien unternahm. In Bologna wurde er mit dem Astronomen Dominic Maria Novarra bekannt, dessen Unterricht er genoss und von ihm zum Studium der Astronomie ermuntert wurde. Dann zog er nach Rom, wo er einige Jahre eine Lehrerstelle der Mathematik bekleidete. In die Heimat zurückgekehrt, wurde er auf Verwenden seines Oheims, des Bischoffs von Ermeland, am Domstifte zu Frauenburg angestellt. Hier fing er an, sich tiefer der Astronomie zu widmen und wurde auf die schon angeführte Weise, durch eifrige Beobachtung und ernstes Studium zu seiner neuen Theorie geführt. Anfangs hielt er sie, wie gesagt, geheim; als er sie aber im Jahre 1536 dem Cardinal Schomberg und dem Mathematiker Rhäticus in Nürnberg mittheilte, als der erstere heftig in ihn drang und der letztere sogar seine Stelle niederlegte und 1539 zu Copernikus reiste, um aus des Meisters Munde selbst das neue System zu lernen, da liess er sich endlich bewegen und übergab im Jahr 1543 sein Manuscript dem Druck. Es erschien unter dem Titel: „*Nicolai Copernici* *de revolutionibus orbium caelestium libri sex"* in Nürnberg. Aber nur als Hypothese, nicht als feststehende Thatsache wagte er dasselbe auszugeben, obschon der damals berühmte Rhäticus mit kräftigen Argumenten die Wahrheit seiner Lehre bestätigte. Kaum war es erschienen, so starb Copernikus plötzlich im 70. Lebensjahre.

Das Wesentliche des copernikanischen Weltsystems ist bekannt. Der Mond bewegt sich um die Erde und diese nebst den übrigen Planeten um die Sonne in der Reihenfolge: Mercur, Venus, Erde, Mars, Jupiter, Saturn. Ferner hat die Erde eine tägliche Bewegung um ihre Axe. „Wenn ihr diess annehmet, sagt Copernikus, so werdet ihr, wenn ihr es mit männlichem Ernst untersuchet, finden, dass daraus sofort die scheinbare tägliche Bewegung des Himmels folgt." Allein ausser diesen beiden Bewegungen der Erde gab Copernikus ihrer Axe noch eine dritte, die er *motus declinationis annuus*, die jährliche Bewegung der Declination nannte. Sie diente ihm, den immerwährenden Parallelismus der Erdaxe bei ihrer Bahn um die Sonne zu erklären. Ohne diese Bewegung, stellte er sich nämlich vor, müsste die Erdaxe immer den nämlichen Winkel mit der Axe der Ekliptik bilden, d. h. einen Kegelmantel um die letztere beschreiben. Seine Nachfolger erkannten bald die Unrichtigkeit dieses Schlusses und liessen daher diese 3. Bewegung fallen. Um die Unregelmässigkeiten in den Bewegungen der Planetenbahnen zu erklären, genügte Copernikus die jährliche Bewegung der Erde um die Sonne nicht: er behielt die alte Theorie der Epicykeln und excentrischen Kreise mit einigen geringen Abänderungen bei. Erst als Kepler die elliptische Form der Bahnen und seine übrigen berühmten Gesetze gefunden hatte, fiel sie für immer dahin.

Obgleich Copernikus ein angesehener Theologe und sein Werk dem Pabste Paul III. gewidmet war, fand doch die neue Lehre gerade in den klerikalen Kreisen den heftigsten Widerspruch. Die philosophischen Theorien von den religiösen Dogmen zu trennen, galt damals noch als höchstes Verbrechen gegen die Satzungen der Kirche. Wahrscheinlich wäre die Verfolgung gegen Copernikus nicht ausgeblieben, wenn er noch länger gelebt hätte; wir werden bald sehen, wie sie sich gegen seine berühmtesten Anhänger besonders in Italien, dem Hauptsitze der Hierarchie, richtete. Wie es unter den Theologen als Hochverrath angesehen wurde, etwas Neues zu lehren, so erhoben sich mit beinahe ebenso grossem Eifer die scholastischen Philosophen gegen diejenigen, die die Lehren ihres grossen Meisters angriffen. Aristoteles hielt damals noch das Scepter der Wissenschaften und Rhäticus konnte daher nicht umhin, seinen theuren Freund mit warmen Worten gegen die Vorwürfe in Schutz zu nehmen, als habe Copernikus die Meinungen der alten Philosophen verworfen. *„Tantum D. Præceptor meus abest, ut sibi a veterum philosophantium sententiis nisi magnis de causis, ac rebus ipsis efflagitantibus, studio quodam novitatis, temere discedendum putarit,“* sagt Rhäticus in seiner „prima narratio“, die er als Anhang zum copernikanischen Werke schrieb. Der Satz des Aristoteles, mit dem seine Anhänger argumentirten, ist die bekannte Theorie von der Tendenz der schweren und leichten Körper. Alle schweren Körper, sagt dieser Philosoph, streben nach dem Centrum des Universums, alle leichten nach dem Umfang. Da nun die Erde zu den schweren Körpern gehört, so muss sie nothwendig im Centrum des Weltalls, d. h. in Ruhe sein. Dieser und ähnliche Sätze des Stagiriten wurden mit aller Leidenschaftlichkeit aufrecht erhalten; nur sie zu prüfen, galt als Abfall, ja als Eidbruch; denn die Professoren mussten damals schwören, der aristotelischen Philosophie treu zu bleiben. Zu den gemässigteren Gegnern des Copernikus gehörten eine grosse Zahl Astronomen, Anhänger des ptolemäischen Systems, die er, wie er selbst sagt, am meisten fürchtet, weil sie doch etwas von den mathematischen Wissenschaften verstünden und nicht wie jene eitlen Schwätzer die Stellen der Schrift zu ihrer Absicht listig verdrehten. Der Haupteinwurf dieser Männer gegen die neue Lehre war derjenige, den schon Ptolemæos gemacht hatte. Sie konnten nicht begreifen, wie bei der Rotation der Erde um ihre Axe in Folge der grossen Geschwindigkeit nicht alle losen Körper von ihr weggeschleudert werden sollten. Ferner machte sich die Ansicht geltend, dass, wenn die Erde rotiren würde, ein von einem Thurm herabfallender Stein nicht an den Fuss desselben ankommen, sondern weiter gegen Westen zurückbleiben würde. Gegen die Bewegung der Erde um die Sonne führte man ebenfalls die Einwürfe an, die schon Ptolemæos über die verschiedene Grösse der Sterne, etc. gemacht und die ich im IV. Kapitel angeführt habe. Es ist begreiflich, dass Copernikus gegen diese Einwendungen einen schwereren Stand hatte: Die Gesetze der Mechanik harrten noch ihrer Enthüllung.

Die gewichtigsten Feinde, die sich gegen das neue System erhoben, waren der Franzose Morin, der Italiener Riccioli, vor Allen aber der berühmte dänische Astronom Tycho Brahe. Allein indem die ersteren mit den Waffen der Dialectik, der Sophistik und der religiösen Ueberlieferung das neugelegte Fundament zu untergraben suchten, hat letzterer durch seine ausgezeichneten Beobachtungen wider seinen Willen die Stützen desselben befestigt. Tycho Brahe wurde im Jahr 1546 zu Knutstrup geboren. Er studirte auf den Universitäten Kopenhagen und Leipzig die Rechte, wandte sich aber immer mehr der Astronomie zu. Im Jahr 1570 kehrte er nach Dänemark zurück, wo ihm ein Onkel eine Privatsternwarte bauen liess, auf welcher er sich ununterbrochen astronomischen Beobachtungen widmete. Hier war es auch, wo er 1572 den neuen Stern in der Cassiopeia entdeckte. Bald erwarb er die Gunst des Königs Friedrich II. von Dänemark, dem er besonders durch den Landgrafen von Hessen, den er auf einer Reise durch Deutschland kennen gelernt, empfohlen worden war. Friedrich beschenkte ihn mit ansehnlichen Gütern und liess ihm auf der Insel Hveen die grossartige Sternwarte Urania errichten. Nach dem Tode des Königs fiel er bei seinem Nachfolger in Ungunst, verliess Dänemark und begab sich 1599 zu Kaiser Rudolph II. nach Prag. Hier wurde für ihn ebenfalls eine grosse Sternwarte erbaut, an der er aber nur noch zwei Jahre wirken konnte; er starb 1601. Eines seiner grössten Verdienste um die Astronomie ist die Verbesserung der Instrumente und die dadurch bezweckte genauere Beobachtung. Erst durch diese practische Hülfe erhielt die Wahrheit des copernikanischen Weltsystems ihre glänzende Bestätigung und wurde jene folgenreiche Revolution vorbereitet, die den Namen eines Kepler und Galilei Unsterblichkeit verlieh. Doch war es Tycho noch nicht vergönnt, mit seinen ausgezeichneten geistigen und materiellen Waffen zum Siege der neuen Theorien mitzuwirken; er stellte ein eigenes Weltsystem auf, dessen Herrschaft und Anhang aber bald zerfiel. Nach diesem bewegten sich die fünf Planeten (Mercur, Venus, Mars, Jupiter, Saturn) um die Sonne, diese nebst dem Mond um die Erde und letztere in 24 Stunden um ihre Axe. Ruhmvoller und von grösserer Tragweite aber sind die übrigen astronomischen Verdienste Tycho's. Seine Verbesserung und Vervollständigung des ptolemäischen Sternkatalogs war die nächste Folge der vervollkommneten Instrumente. Er bestimmte darin die Orte von 777 Sternen, die Kepler später auf 1000 vermehrte. Die grösste Aufmerksamkeit schenkte er der Bewegung des Mondes und bereicherte die Theorie derselben durch mehrere bedeutende Entdeckungen. Die hauptsächlichste derselben ist die sogenannte Variation, die übrigens dem arabischen Astronomen Abul Wefa im 10. Jahrhundert schon bekannt gewesen sein soll. Die Ungleichheiten in der Bewegung des Mondes wurden von Tycho auf zwei Gründe reducirt: auf die Excentricität seiner Bahn und auf den Einfluss der Sonne vermittelst ihrer anziehenden Kraft. Die erstere Ungleichheit bezeichnete man mit dem Namen der Mittelpunktsgleichung und schon Hipparch erklärte sie mit Hülfe der Epicykel, indem er die Erde dabei in den Mittelpunkt der Mondbahn stellte. Ptolemæos aber, um auch die zweite Ungleichheit, die sog. Evection, zu erklären, stellte die Erde ausserhalb des Centrums der Mondbahn und verband so den excentrischen Kreis mit der Epicykel. Die von Tycho bestimmte Variation hängt ebenfalls von der Lage des Mondes zur Sonne ab und ist in den Octanten der Bahn am grössten, verschwindet aber in den Quadraturen und sog. Syzygien (Conjunct. u. Oppos.) Eine vierte Correction der Mondlänge nannte Tycho die jährliche Gleichung des Mondes. Andere Entdeckungen dieses Astronomen betrafen die Breite des Mondes. So fand er, dass die Neigung der Mondbahn zur Ekliptik variabel sei und in Beziehung stehe zu einer bald vorwärts, bald rückwärtsgehenden Verschiebung der Knoten.

Diese und andere astronomische Fortschritte begründeten den hohen Ruhm Tycho's und lieferten seinen grossen Nachfolgern zu ihren theoretischen Untersuchungen ein schätzbares Material. Seine hauptsächlichsten Entdeckungen veröffentlichte er in den beiden Werken „*Progymnasmata*" und „*Astronomiæ instauratæ mechanica*". Das letztere enthält eine ausführliche Beschreibung seiner Instrumente.

Wir haben bis jetzt die Einwürfe gegen das copernikanische System und seine Feinde einer Betrachtung gewürdigt; es bleibt uns noch übrig, einige seiner bedeutendsten Anhänger bis auf Kepler und Galilei kurz zu erwähnen.

Erasmus Reinhold hat sich einen Namen gemacht durch die Herausgabe der sog. Prutenischen Tafeln, die er auf Grund der copernikanischen Grundsätze und Lehren verfertigte. Sie übertrafen an Genauigkeit alle frühern, wurden später dann aber selbst durch die Rudolphinischen Keplers verdrängt. Reinhold ist der erste, dessen Schriften Vermuthungen über die elliptischen Bahnen der

Himmelskörper enthalten. In den Noten zu den Theorien Purbach's, die er 1542 herausgab, schreibt er dem Mercur eine elliptische Bahn zu. Auch den Mond liess er in einer Epicykel auf einer Ellipse sich bewegen.

Von den damaligen Fürsten Deutschlands gebührt dem Landgrafen **Wilhelm IV.** von Hessen-Kassel ein Ehrenplatz in den Annalen der Astronomie. Wir haben seiner schon erwähnt, wie er den Tycho unterstützte und dem König von Dänemark empfahl. Er baute im Jahr 1561 eine Sternwarte in Cassel, beobachtete daselbst lange Jahre selbst und zog eine grössere Zahl von Astronomen an seinen Hof, unter denen wir besonders **Rothmann** und **Justus Bürgi**, einen Schweizer, zu nennen haben. Der letztere zeichnete sich vor Allem in der Verfertigung astronomischer Instrumente aus, war aber auch in der theoretischen Astronomie sehr bewandert. Kepler schreibt ihm die Erfindung der Logarithmen zu; allein Napier's „*Mirifici logarithmorum canonis descriptio*" erschien vor Bürgi's „Arithmetische und geometrische Progress-Tabulen" (1620). Ersterer wird daher allgemein als der Erfinder betrachtet.

Einer der ausgezeichnetsten Astronomen, die in die Fussstapfen des Kopernikus traten, war **Michael Mästlin**, der Lehrer des grossen Kepler, zu dessen Ausbildung er nicht wenig beigetragen haben soll. Er war Professor in Tübingen, woselbst er die copernikanische Weltordnung mit allem Eifer lehrte und vertheidigte. Die optischen Erscheinungen der Astronomie verdanken ihm einige geistreiche Erklärungen, auf die wir aber hier nicht weiter eingehen können.

Bevor ich in meiner Schlussbetrachtung noch einige Worte jenen Männern widme, deren Genius die Leuchte einer neuen Aera ward, die gleichsam als Grenzsteine zweier Hauptperioden der Wissenschaften verdienen an das Ende der alten und an den Anfang der neuen Zeit gestellt zu werden, muss ich noch kurz auf ein Ereigniss übergehen, das gleichzeitig mit der Regeneration der Wissenschaften auf dem Gebiete der Zeitrechnung epochemachend war: die Kalenderreformation des Jahres 1582.

Lange vor dieser Zeit machte sich schon das Bedürfniss nach Verbesserung des julianischen Kalenders besonders in den Angelegenheiten der katholischen Kirche fühlbar; denn die jährliche Bestimmung der beweglichen Feste war in eine heillose Verwirrung gerathen. Aber theils war die Unwissenheit der damaligen Astronomen, theils die Energielosigkeit der Concilien und Päbste an dem langen Aufschube schuld. Endlich wirkten die grossartigen Fortschritte der Astronomie im 16. Jahrhundert auch auf diese Sache anregend; eine Fluth von Verbesserungsvorschlägen wurden dem Pabste Gregor VIII. präsentirt. Dieser versammelte eine grosse Zahl ausgezeichneter Mathematiker, Astronomen und Prälaten jener Zeit, deren Stimmen sich auf die Annahme des von Lillus, Clavius und andern Gelehrten vorgeschlagenen Kalenders vereinigten. Im Jahr 1582 war man in Folge der zu grossen Länge des Jahres im julianischen Kalender um 10 ^{d} zurück, man schrieb daher im neuen Kalender nach dem 4. Oktober sogleich den 15. Um dies in Zukunft zu verhüten, liess man in allen Säkularjahren, ausgenommen in denjenigen, die durch 4 theilbar sind, wie 1600, 2000 etc., den Schalttag weg. Diess reduzirte den Fehler auf ein sehr geringes. Schwieriger war das Jahr nach dem Mondlauf zu reguliren; man behalf sich dabei verschiedener Epactencykeln, d. h. man bestimmte die Anzahl von Jahren, nach welchen die nämliche Mondsphase wieder auf den gleichen Jahrestag fällt. Es ist hier nicht der Ort, ausführlicher auf diese Kalenderregulirung einzutreten.

Auch diese mit der bestmöglichen Sorgfalt und Genauigkeit ausgeführte Neuerung stiess auf den heftigsten Widerstand; theils fand sie unter den damaligen Astronomen einige hartnäckige Feinde, theils sahen protestantische Regierungen in der vom Pabste ausgegangenen Verbesserung das Gute nicht ein; allein die letztere Verblendung heilte bald die Zeit mit ihrer fortschreitenden Kultur, den ersteren Widerstand bekämpften einige ausgezeichnete Männer jener Zeit mit den Waffen des Geistes aufs eifrigste und erfolgreichste. Unter diesen zeichnete sich vor Allen der schon genannte Jesuit Clavius aus, der sich auf dem Gebiete der reinen Mathematik, besonders durch seine Commentare als Geometer einen berühmten Namen erworben hatte. In seiner Schrift „*de Calendario Gregoriano*" (1603) vernichtete er auf geistreiche Weise die Opposition seiner ohnmächtigen Gegner und schlug so für immer die Anfechtungen nieder, die Leidenschaft und Unwissenheit mehr als Gerechtigkeit und Wissenschaftlichkeit gegen dieses schöne Werk erhoben hatten.

Wir sind bei dem grossen Zeitpunkt unserer Geschichte angekommen, mit dem wir den ersten Theil derselben zu schliessen gedenken. Es eröffnet sich uns für die Zukunft ein unendlich weiterer Gesichtskreis, der auch eine andere Behandlungsweise bedingt; ich hoffe, in einer spätern Zeit auch dieser mit viel grösseren Schwierigkeiten verbundenen Aufgabe, so weit es in meinen Kräften steht, Genüge zu leisten. An diesem Wendepunkt der geistigen Entwicklung der Völker sei es mir nun noch erlaubt, die Errungenschaften der verflossenen Zeit noch einmal in ihrem Gesammtbild zu überschauen und einige Blicke in die Zukunft zu werfen.

Wir haben im Anfang gesehen, wie die verschiedenen Zweige der mathematischen Wissenschaften bei den ältesten Völkern der Weltgeschichte ihren natürlichen, durch mannigfaltige Einflüsse bedingten Ursprung nahmen; wie vor Allem aus der Himmel mit seinen regelmässigen, periodischen

Erscheinungen die Aufmerksamkeit der Menschen auf sich richtete und dadurch die Astronomie, als eine der ältesten Wissenschaften geschaffen wurde. Allein nicht allen Völkern, die die Beobachtung der Natur in ihrer ersten Kulturentwicklung gepflegt haben, war es vom Schicksal vergönnt eine höhere Stufe zu erreichen; die meisten verschwanden aus der Geschichte, ohne durch wissenschaftliche Fortschritte sich ein bleibendes Denkmal errungen zu haben; andere, durch geographische Lage und übrige Natureinflüsse mehr begünstigt, haben, ohne selbst einen hohen Bildungsgrad zu erlangen, doch wenigstens mittheilend und anregend auf diejenige Nation eingewirkt, die allein bestimmt war, durch ihre grossen Geistesanlagen den spätern Zeiten und Völkern in ihren wissenschaftlichen Bestrebungen als leitender Impuls und als Richtschnur zu dienen. Den Griechen war es vorbehalten, ihren scharfen, spekulativen Geist auf die Verhältnisse des Lebens und die Erscheinungen der Natur zu lenken, in diese letzteren Gesetz und System zu bringen und so das gesammte Wissen in seine verschiedenen Disciplinen zu sondern und diese zu eigentlichen Wissenschaften auszubilden.

Die erste Periode der griechischen Entwiklung war die vorbereitende. Ihr kam die Aufgabe zu, von andern Völkern zu lernen und neues, eigenes Material zu sammeln; ein geordneter Plan in der philosophischen Denkweise, ein systematisches Schaffen, eine gehörige Klassifikation der Wissenschaften war noch nicht vorhanden; daher die Mannigfaltigkeit der Anschauungen, die Verschiedenheit der philosophischen Systeme und Schulen, die isolirte Stellung der Erfindungen. Je mehr sich aber das griechische Volk seiner politischen Glanzperiode näherte, je mehr die einzelnen Stämme sich zur einigen Nation zusammenschlossen, desto näher traten sich auch die Philosophenschulen, desto mehr concentrirte sich das geistige Leben, bis es endlich in Sokrates, Platon und Aristoteles seinen Höhepunkt erreichte. Jetzt treten die Wissenschaften mit engeren und genaueren Grenzen hervor, die philosophischen Schulen zeigen einen bestimmt ausgeprägten Charakter. Sokrates mit der ethischen Tendenz seiner Lehren, wirkt mehr auf das politisch-religiöse Leben des Volkes und steht den Wissenschaften ferner; Platon mit seinem Idealismus neigt sich zu den abstracten Gebieten des Wissens hin, die reine Mathematik erhält daher in seiner Schule einen gewaltigen Aufschwung; die analytische Methode, die Theorie der Kegelschnitte die berühmten Probleme der Verdoppelung des Würfels, die Trisection des Winkels bereichern die Geometrie in hohem Masse. Im Gegensatz zu Platon betrachtet der reellere Aristoteles die physische Welt und stellt die Beobachtung der Natur als Grundlage einer wahren Philosophie auf. Er ist der Begründer der Physik, der Naturwissenschaften überhaupt. Bald nach ihm trübt sich der politische Horizont, die Selbständigkeit Griechenlands geht im macedonischen Weltreiche auf und mit ihrem Untergange nähert sich mit schnellen Schritten der Verfall der Wissenschaften. Doch in dem neu gegründeten Alexandrien, auf der Küste Aegyptens, steht denselben noch eine Zufluchtsstätte offen. Die alexandrinische Schule blieb, unter der Regierung der Ptolemäer, noch einige Jahrhunderte lang eine Pflanzstädte der Wissenschaften. Da war es, wo Euklid und Apollonios ihre unsterblichen Werke schrieben, die das gesammte geometrische Wissen jener Zeit systematisch geordnet enthielten; wo Hipparch und Ptolemæos durch ihre Beobachtungen und Berechnungen die Astronomie auf eine so glänzende Höhe brachten. Und in der gleichen Zeit mit den beiden ersten lebte auf Sicilien der grosse Archimedes, dem wir so herrliche Erfindungen in der Geometrie und in der Mechanik verdanken; wir können ihn als den eigentlichen Schöpfer der letzteren Wissenschaft betrachten. Doch mit dem Steigen der römischen Weltherrschaft sank die griechische Kultur immer mehr, der praktische, kriegerische Römer war für die feinere, hellenische Geistesbildung weniger empfänglich. Auch das Christenthum übte seinen gewaltigen Einfluss auf Kunst und Wissenschaft und als nun vollends in Rom der Cäsarismus siegte, wurde jede freiere Entwicklung des menschlichen Geistes zur Unmöglichkeit. Wir sehen daher in diesen ersten Jahrhunderten unserer Zeitrechnung nur bisweilen einige vereinzelte Lichtstrahlen das Dunkel durchbrechen, das Despotismus und Wunderglauben auf das einst so aufgeklärte Morgenland gelegt hatten. Der berühmte Diophantos, der Schöpfer der Algebra, Pappos und der Römer Boëthius sind die letzten grossen Repräsentanten der alten Zeit. Die schwindende Kultur erhielt die letzten gewaltigen Stösse durch den Untergang des weströmischen Reiches, den Andrang der Barbaren von Norden und des Islam von Süden her. Aber die Bestimmung dieser Factoren sollte nicht nur eine zerstörende sein; sie waren dazu ausersehen, das zu vollbringen, was das sinkende Rom nicht mehr ververmocht, die griechische Bildung in sich aufzunehmen, weiter fortzupflanzen und zu noch höherer Vollkommenheit auszubilden.

Nachdem die Araber durch Feuer und Schwert ihre Religion verbreitet und sich feste Wohnsitze erkämpft hatten, richteten sie ihr Augenmerk auf die Künste des Friedens. Bald blühten um die Länder des Mittelmeeres arabische Schulen; Astronomie, Mathematik, Medizin, Grammatik und Dichtkunst wurden vor Allem aus gepflegt und arabische Gelehrte wetteiferten mit ihren griechischen Vorbildern. Nie, selbst im alten Griechenland nicht, wurde Aristoteles mehr verehrt als in der Blüthezeit der Abbassiden und Ommajiaden. Sehen wir zu, was während dieser Glanzperiode arabischer Herrschaft der Zustand der indo-germanischen Völker des Abendlandes war. Die christliche Religion, deren diese sich erfreuten, war fast bis zur Unkenntlichkeit entstellt; theologische Zänkereien über nichtssagende Gegenstände verriethen einzig noch ihr Dasein; blinder Wortglaube, crasser Orthodoxismus verdrängten jedes freiere Denken, und wie die Religion, so war auch die Wissenschaft der Spielball der kirchlichen Hierarchie. Jene griechischen Philosophen, besonders Aristoteles, die durch Vermittlung der Araber dem Abendlande bekannt wurden, erfuhren das nämliche Loos, wie die Lehre Jesu. Jener schöne Grundsatz des grossen Stagiriten, dass die Erfahrung und Beobachtung den Grundstein der Wissenschaften bilden müssen, wurde verkannt, und seine Sätze, ohne tieferes Denken, dem blossen Wortlaut nach angewendet. So regierte die Scholastik mit ihrer falschen Logik und Metaphysik Jahrhunderte lang und das geheimnissvolle Leben und Wirken der Natur mit ihren ewig unveränderlichen Gesetzen blieb diesen trockenen Dialektikern verborgen. Doch immer näher liess das Schicksal diese Völker ihrer grossen Bestimmung kommen. Der Einfluss arabischer Kultur und die Kreuzzüge hatten schon einige Lichtfunken in dieses tiefe Dunkel des Mittelalters geworfen; Roger Bacon und andre Männer des 12. und 13. Jahrhunderts, wenngleich noch Scholastiker, verwarfen schon die falsche Bahn, in der die Wissenschaften sich bewegten. Unsere Zahlzeichen, die Algebra, der Kompass, die Brillengläser etc. wurden in dieser Zeit den Abendländern bekannt und wirkten, besonders die beiden letzteren Erfindungen, günstig auf den weiteren Fortgang der Naturwissenschaften ein. Allein noch brauchte es andrer Motoren, um der drückenden Herrschaft der Scholastik und der Hierarchie für immer den Todesstoss zu geben. Dem 15. Jahrhundert gebührt der Ruhm dieser gewaltigen Kulturrevolution. Drei Ereignisse folgten sich in kurzer Zeit, die auf das Wiederaufleben der Wissenschaften den grössten Einfluss geübt haben: **Die Erfindung der Buchdruckerkunst, der Untergang des oströmischen Reiches und die Entdeckung Amerika's.** Die Wiedererweckung der altklassischen Literatur, die Verbreitung der wissenschaftlichen

Schätze unter das Volk, das dadurch beförderte selbstständige Denken und Schaffen der Menschen haben den schnellen Sturz des scholastischen Dogmatismus herbeigeführt und der rationellen Behandlung der Wissenschaften den Sieg verschafft. Die Mathematik war es, deren klare Begriffe und Prinzipien zuerst das Dunkel zu durchdringen vermochten, und auf ihre unumstösslichen Wahrheiten gestüst, verbunden mit der Beobachtung der den Menschen so lange verborgen gewesenen Natur, fanden grosse Männer die wahren Gesetze der Astronomie, Mechanik und Physik. Wir sahen, wie Lucas de Burgo am Ende des 15. Jahrhunderts das Studium der Algebra wieder erweckte, wie in rascher Folge Tartaglia, Cardano und Ferrari die Gleichungen 3. und 4. Grades lösten, wie endlich Vieta durch Einführung der Buchstabenrechenung der mathematischen Sprache ihre so folgenreiche Kürze und Allgemeinheit gab. Wir sahen, wie Maurolycus von Messina, Peter Ramus, Nonius, Ludolph van Ceulen u. A. das Gebiet der Geometrie erweiterten, wie Regiomontan Purbach und Rhäticus die von den Arabern geschaffene Trigonometrie ausbildeten und in der Astronomie die Vorstudien zu den folgenden grossen Reformen machten; wie endlich Vieta zuerst die Algebra zur Lösung geometrischer Probleme anwandte. Von der reinen Mathematik sind wir zur Astronomie übergegangen und haben die grossartigen Fortschritte verfolgt, die sich an die unsterblichen Namen eines Copernikus und Tycho Brahe knüpfen. Zum Schlusse haben wir noch der Kalenderreformation des Jahres 1582 gedacht.

Mit diesen glänzenden Resultaten auf dem Gebiete der reinen Mathematik und der Astronomie schliesse ich die Periode des Wiederauflebens der Wissenschaften und damit den ersten Theil meiner Geschichte. Mit dem Anfang des 17. Jahrhunderts beginnt ein neuer grosser Abschnitt derselben, eingeleitet durch die astronomisch-mechanischen Entdeckungen Galeilei's und Kepler's und durch die Reformgrundsätze, die Bruno, Baco von Verulam, Gassendi und andere Männer in ihren berühmten Schriften aufstellten. Wir können diese Periode mit dem Namen der **reformatorischen** bezeichnen. Es bietet sich uns diese Parallele mit jener grossen religiösen Revolution des 16. Jahrhunderts gleichsam von selbst dar, wenn wir sowohl die Bestrebungen, als auch die Lebensschicksale der Häupter dieser beiden Umwälzungen vergleichen. Gleich jenen Gegnern der corrumpirten Kirche erfuhren auch die Reformer der Wissenschaften die heftigsten Angriffe von Seite des Klerus und der scholastischen Philosophen. Galilei, der grösste Freund des copernikanischen Weltsystems, musste als Greis in Rom seine Lehren über die Bewegung der Erde abschwören (1633), die er in seinem Werke: „*Dialogo sopra i due sistemi del mondo*" vertheidigt hatte. Giordano Bruno, einer der aufgeklärtesten Geister jener Zeiten und einer der grössten Feinde der aristotelischen Philosophie wurde in derselben Stadt von der Inquisition zum Feuertode verurtheilt und verbrannt (1600). Allein diess waren die letzten verzweifelten Anstrengungen einer sinkenden Hierarchie; dem neuen Geiste, der die Wissenschaften durchwehte, vermochte das morsche Gebäude mittelalterlicher Dogmatik nicht zu widerstehen; vor der scharfen philosophischen Urtheilskraft eines Baco und andrer Männer, vor den grossartigen Entdeckungen Kepler's, Galilei's und später Descartes' und Newton's sank es kläglich zusammen. „*Scholasticorum vero doctrina despectui prorsus haberi cœpit, tanquam aspera et barbara*" sagt Baco in seinem Werke: „*De dignitate et augmentis scientiarum.*" Diesem berühmten Begründer einer neuen Naturphilosophie wollen wir zum Schlusse noch einige Worte widmen.

Franz Baco von Verulam wurde 1561 zu London geboren. In seinem 16. Lebensjahre schon erhob er sich in einer Schrift gegen die Herrschaft der Scholastik; das Auf-

treten dieses Jünglings erregte grosses Aufsehen, doch bald
noch grösseren Beifall. Unter der schützenden Aegide der
englischen Freiheit und der liberalen Regierung der Königin
Elisabeth konnte diese von so vielen gefürchtete Opposition sich mächtig entfalten; ihre Wirkungen durchzuckten
bald ganz Europa und trafen im glücklichen Moment mit
jenen praktischen Erfolgen zusammen, die, während sie umgestaltend auf die schon vorhandenen Wissenschaften wirkten,
zu gleicher Zeit zwei längst vergessenen Disciplinen, der
Mechanik und der Physik neues Leben gaben. Im
Jahr 1605 gab Baco, der damals ausserordentlicher Rath
der Königin war, das oben genannte Werk: *„De dignitate
et augmentis scientiarum"* als Theil der grösseren *„Instauratio
magna"* heraus. Nachdem er bei der Königin und später
unter Jakob I. in wechselnder Gunst und Ungunst gestanden, die er sich durch einige dunkle Seiten seines
Charakters zugezogen hatte, veröffentlichte er 1620 sein
Hauptwerk, das *„Novum organon"*, als natürliche Fortsetzung
des ersteren. Diese beiden Schriften enthalten die neuen,
epochemachenden Prinzipien Baco's. Dieselben bestehen
darin, dass er das gesammte Gebiet der Wissenschaften
von dem alten Gewande der Scholastik zu befreien und auf
einem neuen Grunde aufzubauen versucht, dass er die sämmtlichen Theile des Wissens zu einem natürlichen Systeme,
von einem Gesichtspunkt aus geordnet, zusammenstellt.
Darin sieht er den Grund des grossen Dunkels, das die
mittelalterliche Kultur umnachtete, dass die Gelehrten jener
Zeit mehr auf die Fülle des Studiums, als auf dessen
reellen Werth achteten, dass leere Worte mehr als wirkliche Thatsachen galten. *„Hic itaque cernere est primam
literarum intemperiem, quum verbis studetur, non rebus,"*
und *„Praecipua illorum temporum inclinatio et studium potius
ad copiam quam ad pondus defluxit."* (*De dig. et aug. sc.
Lib. I.*) In der neuen Behandlungsweise der Wissenschaften
ist sein oberster Grundsatz die Erfahrung. Diese allein

soll uns dazu dienen, die Prinzipien und Gesetze der Natur
zu finden und mit Hülfe dieser zu neuen Resultaten zu
gelangen. *„Solida et fructuosa naturalis philosophia duplicem
adhibet scalam, eamque diversam: ab experientia ad axiomata,
ab axiomatibus ad nova inventa."* (Jbid. Lib. III.) Dann
stellt er die **Mathematik** als unentbehrliches Hülfsmittel
für einen grossen Theil der Naturwissenschaften, namentlich
für die **Astronomie** und **Physik** auf, wenn er sagt:
*„Multæ si quidem naturæ partes, nec satis subtiliter com-
prehendi, nec satis perspicue demonstrari, nec satis dextre
et certo ad usum accomodari possint sine ope et interventu
mathematicæ."* (Jbid. Lib. III.) Und von dieser Relation der
Mathematik zu den physischen Erscheinungen schliesst er
auf eine fruchtbare, immerwährende Entwicklung der reinen
Mathematik sowohl als der angewandten Partien: *„Prout
enim physica majora indies incrementa capiet et nova axiomata educet, eo mathematica opera nova in multis indigebit,
et plures demum fient mathematicæ mixtæ."* (Jbid).

Solche Grundsätze, entsprungen aus einer vernunft-
gemässen Betrachtung der Erscheinungen der Natur und
der Entwicklung der Wissenschaften mussten bald die auf-
geklärteren Geister zur wahren Erkenntniss und Ueberzeugung bringen und ihre Forschungen auf jene Bahn hin-
lenken, die allein zum grossen Kulturziele der Menschheit
zu führen bestimmt war. Wenn auch Baco in verschiedenen Beziehungen nicht vollständig auf dem richtigen Boden
stand, wenn auch die **spekulative** und **mystische**
Seite seiner Philosophie ihren Einfluss auf einige Theile
der Naturwissenschaften (Astronomie, Chemie — Astrologie,
Alchemie) nicht verleugnen konnte, so wird er dennoch in
unsrer Achtung nichts verlieren, wenn wir nur bedenken,
dass er der **erste** ist, der mit glänzendem Erfolg die Waffen
des Geistes und der wahren Wissenschaft in den Kampf
getragen hat gegen die Herrschaft eines alten, tief ge-
wurzelten Systems. So dürfen wir ohne Bedenken mit dem

berühmten Gassendi in das Lob Baco's einstimmen, wenn er sagt: „Quelque nombreuses et importantes que puissent être les découvertes réservées à la postérité, il sera toujours vrai de dire que Bacon en a jeté les fondements d'avance, qu'il les avait préparées et que nos neveux devront lui en faire hommage; ainsi, la gloire de ce grand homme, loin de périr par le laps du temps, est destinée à recevoir des accroissements dans toute la suite des âges."

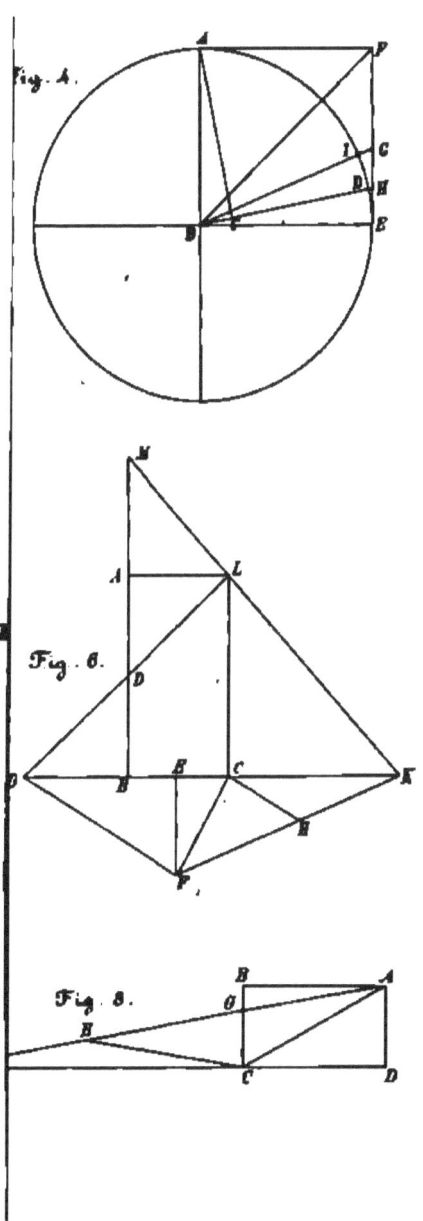

www.ingramcontent.com/pod-product-compliance
Lightning Source LLC
Chambersburg PA
CBHW020933230426
43666CB00008B/1667